印度建筑的兼容与创新：
孔雀王朝至莫卧儿王朝

COMPATIBILITY AND INNOVATION OF INDIAN ARCHITECTURE:

FROM MAURYAN DYNASTY TO MUGHAL DYNASTY

古代建筑名作解读

INTERPRETATIONS ON NOTABLE ANCIENT ARCHITECTURAL WORKS

薛恩伦

ENLUN XUE

中国建筑工业出版社

CHINA ARCHITECTURE & BUILDING PRESS

图书在版编目（CIP）数据

印度建筑的兼容与创新：孔雀王朝至莫卧儿王朝／薛恩伦．北京：中国建筑工业出版社，2014.11

古代建筑名作解读

ISBN 978-7-112-17396-9

I. ①印… II. ①薛… III. ①建筑史－研究－印度－古代 IV. ①TU-093.51

中国版本图书馆CIP数据核字（2014）第251200号

责任编辑：吴宇江

责任校对：陈晶晶　王雪竹

印度建筑的兼容与创新：孔雀王朝至莫卧儿王朝

COMPATIBILITY AND INNOVATION OF INDIAN ARCHITECTURE: FROM MAURYAN DYNASTY TO MUGHAL DYNASTY

古代建筑名作解读

INTERPRETATIONS ON NOTABLE ANCIENT ARCHITECTURAL WORKS

薛恩伦

ENLUN XUE

*

中国建筑工业出版社出版、发行（北京西郊百万庄）

各地新华书店、建筑书店经销

北京美光设计制版有限公司制版

北京顺诚彩色印刷有限公司印刷

*

开本：787×1092毫米　1/16　印张：15　字数：295千字

2015年04月第一版　2015年04月第一次印刷

定价：150.00元

ISBN 978-7-112-17396-9

(26123)

内容提要

印度的历史悠久，最早出现的印度河文明在时间上大致与古代两河流域文化、古埃及文化同时，印度古代建筑的发展在孔雀王朝的阿育王时代形成一个高峰，以桑吉大塔为代表的佛教建筑成为这个时期建筑的标志。印度古代建筑发展的另一个高潮是在莫卧儿王朝，莫卧儿王朝也是印度的最后一个王朝，莫卧儿时代的建筑是印度古代建筑最辉煌的时期。莫卧儿建筑是伊斯兰文化、波斯文化与印度本土文化融合的成果，法塔赫布尔西格里王宫的兼容与创新成为印度古代建筑的典范。莫卧儿时代的拉杰普特建筑是印度古代建筑的另一个亮点，拉杰普特建筑具有浓厚的地域特色，对印度建筑的发展具有重要影响。本书作者两次访问印度，重点访问了印度北部的古代建筑，恒河以北是印度古代建筑最集中的地段，从阿育王时代开始，印度的建筑从木结构转向石结构，石结构坚固、耐久，有利于建筑保护。

本书介绍的作品多数为世界遗产，考虑到国内相关资料较少，在编写过程中尽量把作品介绍详细些，编入的图片超过590幅，力图使读者清楚地了解作品的全貌，对于尚未去过作品现场的读者尤为重要。

Abstract

Being a nation of long and glorious history, India saw its earliest civilization flourishing in the Indus Valley at the time contemporaneous with those of Mesopotamia and Ancient Egypt. Ancient Indian architecture had evolved through centuries and reached one of its peaks during the reign of Ashoka of the Mauryan Dynasty, a great time stamped by the Great Stupa and all the other Buddhist monuments. It was during the Mughal Dynasty, the last empire in the history of India, that Indian architecture culminated in diversity and perfection. Islamic, Persian and local Indian cultures interacted and fused during this period so as to give rise to the advent of the prime time of ancient Indian architecture. A notable example lies in the compatibility and innovation of the Fatehpur Sikri. Rajput architecture is another highlight of this period which bears rich regional characteristics and is of great importance to the overall development of Indian architecture. Geographically, most ancient architecture is centered north of the Ganges. Historically, it started from the reign of Ashoka that wood structure was gradually replaced by the more solid and durable stone structure which also facilitated the protection and preservation of itself.

The author has been to India twice, mainly the northern part. Architecture encompassed in this book is mostly World Heritage. The author provides more than 590 photos and elaborates to the last possible detail in an effort to fill up the domestic shortage of relevant reading materials on ancient Indian architecture and to give a complete view of each selected works to every reader, especially those who have not been to the sites.

前言 Preface

印度是我们的近邻，由于喜马拉雅山的隔离，交往不便，但是，佛教仍然很早便传入中国，并且在中国发扬光大。很久以来，而我们只知道印度是佛教的发源地，其实，印度的宗教很多，80%的印度人信仰印度教，而我们对印度教则知之甚少，更不用说其他宗教了。宗教不仅与印度人民的信仰有关，对建筑的影响也很大，宗教不仅影响着寺庙建筑，也影响着印度的宫廷建筑和民居。

印度的历史悠久，根据考古发现，在印度河流域保留着公元前 2500 年的古城遗址，印度河文明在时间上大致与古代两河流域文化、古埃及文化同时。印度古代建筑的发展在孔雀王朝的阿育王时代形成一个高峰，以桑吉大塔为代表的佛教建筑成为这个时期建筑的标志。印度古代建筑发展的另一个高潮是在莫卧儿王朝，莫卧儿王朝也是印度的最后一个王朝，莫卧儿时代是印度古代建筑最辉煌的时期，莫卧儿时代的建筑是伊斯兰文化、波斯文化与印度本土文化融合的成果，法塔赫布尔西格里王宫的兼容与创新成为印度古代建筑的典范。与莫卧儿建筑同期的拉杰普特建筑是印度古代建筑的另一个亮点，拉杰普特人是印度原住民的后裔，拉杰普特建筑具有浓厚的地域特色，拉杰普特建筑对莫卧儿建筑有重要影响。

2004 年和 2012 年，我两次访问印度，重点访问了印度北部的古代建筑，恒河以北是印度古代建筑最集中的地段。从阿育王时代开始，印度的建筑从木结构转向石结构，石头建造的建筑物坚固、耐久，这是印度古代建筑能够完好地保护至今的重要因素，也使我们有幸能够在 21 世纪完整地欣赏到这些珍贵的世界遗产。数字化时代给我们带来很多便利，先进的数码相机把印度古代建筑的壮观场面与石料雕刻的建筑细部详实地记录下来，载入本书。印度学者的著作中经常引用印度语或梵文，少数著作中对印度语未加英语注解，阅读时经常遇到麻烦，感谢当今的互联网，有些印度语也能在网上查到英文注解，互联网的信息也完善了书本上查不到的资料，使本书能够达到作者预期的学术水平。

本书是《古代建筑名作解读》系列丛书中的一册，《古代建筑名作解读》是我稍前一段时间出版的《现代建筑名作访评》系列丛书的姊妹作，出版这两套丛书的目的是为了使国内建筑界更为深入地了解古今国际建筑界的发展。《古代建筑名作解读》系列丛书的内容将包括世界各地的古代建筑名作，重点选择那些对现代建筑创作更有启发性的作品。

感谢周锐、孙煊、王泉、高为、琚宾、李璐珂、曲敬铭、崔光海、秦岳明、徐华宇、白丽霞、贾东东、毛昕为本书提供的珍贵照片，感谢卢岩为我们多次出国考察的精心安排并为本书的内容简介和作者介绍提供了英文译稿，感谢中国建筑工业出版社吴宇江编审为本书出版所做的一切。

2015 年是我们这一辈的清华学子毕业 60 周年，仅以此书作为毕业 60 周年的纪念。清华大学的马约翰教授是体育界的老前辈，我在清华学习和工作期间，他曾经号召我们“要为祖国健康地工作 50 年”，我响应了他的号召，并且还超额 10 年，我将继续超额，为祖国作出更多贡献。

薛恩伦

2014 年 5 月 1 日于清华园

目录 Contents

1 印度古代建筑的演变与印度传统建筑理论

The Evolution of Ancient Indian Architecture and the Theory of Indian Traditional Architecture

印度河文明与恒河文化

印度历史悠久，是世界上最早出现文明的地区之一，印度文明起源于公元前约3000年的印度河文明(Indus Valley Civilization, 公元前3000—前1500年)，印度河流域文明也称为哈拉帕文化(Harappa Culture)。[①] 印度河文明时代保留下来的摩亨佐达罗(Mohenjo-daro)古城遗址显示出当时已具有明确的城市规划，古城占地达260hm^2，由卫城和下城两部分组成，城市布局为棋盘式，包括大街小巷和耸立在高处的城堡，推算城市人口约30000～35000人，毛坯砖砌筑的浴池长约12m，宽约7m，深约2.5m，可能是为了举行某种宗教仪式建造的工程。古城遗址中也发掘出大量文物，包括彩陶制品、青铜器、石刻印章和农作物。据推测，摩亨佐达罗古城是由古代印度原住民达罗毗荼人（Dravidians）建造的，摩亨佐达罗考古遗迹（Archaeological Ruins at Mohenjo-daro）于1980年被联合国教科文组织列入世界遗产名录。

印度河文明在时间上大致与古代两河流域文化、古埃及文化同时，相当于我国的五帝和夏商时代。古印度文明的疆域包括今日的印度共和国、巴基斯坦、孟加拉国、阿富汗南部部分地区和尼泊尔。“Indus”是古代希腊人对印度的称呼，古代波斯语称印度为“Hindu”。1947年印度独立以后，印度的领土仅包括今日印度共和国部分。

公元前1500年，雅利安人(Aryans)从伊朗地区进入印度，印度文明的中心也逐渐向东转移到恒河流域，雅利安人的文化与印度本土的达罗毗荼人以及其他人种的文化逐渐融合，形成多民族、多宗教的古代印度文化。公元前1500—前500年的古代印度文化称为恒河文化或吠陀文化(Vedic Culture)，印度的恒河文化时期相当于我国的商代和西周。[②] 吠陀文化是古典印度文化的起源，“吠陀”(Veda)一词的意思是知识，是神圣的或宗教的知识，《吠陀》既是宗教文献也是印度最古

---

① 1922年前后，英国考古学家在西旁遮普的哈拉帕(Harappa)和信德(Sind)地区的摩亨佐达罗(Mohenjo-daro)先后发掘出2座古城遗址，因此，便以遗址所在地之一的哈拉帕命名，称为哈拉帕文化，2座遗址今日均在巴基斯坦境内。

② 雅利安人是来自中亚的游牧部落，可能属于高加索人种。达罗毗荼人据说是澳大利亚人种或尼格罗人种， 雅利安人与达罗毗荼人在长期的融合过程中构成了古代印度民族的主体。

1-1

1-2

1-1 印度河文明时代的摩亨佐达罗古城遗址

1-2 摩亨佐达罗古城遗址有立在高处的城堡

老的历史文献。[3]《吠陀》用梵语编写，梵语属印欧语系，印度的古典梵语盛行于公元前 5—10 世纪，并延续至今，梵语不仅是印度教徒的古典文学语言，也用于学术交流和部分文艺创作。[4]

吠陀教 (Vedism) 是雅利安人带到印度的宗教，吠陀教以对诸神的祭祀为活动中心，将自然界的现象人格化，其教义见于《吠陀》经典集。[5] 吠陀社会分为 4 个种姓 (Varna)：婆罗门 (祭司和教师)、刹帝利 (统治者)、吠舍 (商人) 和首陀罗 (非雅利安族奴隶)，这种阶级划分全部延续在以后的印度教中。公元前 9 世纪，吠陀教演变为婆罗门教 (Brahmanism)，信奉梵天 (Brahma)。婆罗门教取代了吠陀教敬奉自然神灵的早期信仰，它的显著特点是抬高祭司阶层，即婆罗门的地位。

公元前 6—前 5 世纪，印度北部和中部出现了 16 个国家，范围涵盖印度河流域与恒河平原，位于今日比哈尔邦的摩揭陀国 (Magadha) 逐渐居于优势地位，这一历史时期是所谓的列国时期（Mahajanapadas），吠陀时代到这时已经结束。印度列国时代的精神生活十分活跃，出现了多种宗教流派，其中影响最为久远的是佛教 (Buddhism) 和耆那教（Jainism）。由于佛教产生于这一时期，列国时代也常被称为佛陀时代。

佛教创始人原名悉达多·乔达摩 (Siddhartha Gautama)，约公元前 624—前 544 年，悉达多·乔达摩是古印度释迦族 (Shakya) 的迦毗罗卫国 (Kapilavastu) 王子，迦毗罗卫国在今日的尼泊尔境内，释迦牟尼 (Shakyamuni) 是教徒对他的尊称，含义是“释迦族的圣人”，成佛后的释迦牟尼被称为佛陀，意思是“彻悟宇宙和人生真相者”，信徒也常称他为佛祖。[6]

耆那教是印度古老的宗教之一，兴起于公元前 6 世纪，“耆那”意为胜利者，

---

③《吠陀》是用梵语创作的歌颂神和宗教的诗歌，公元前 1500—前 1200 年流行于伊朗并传入印度，部分吠陀具有很高文学价值。第一部吠陀本集是《梨俱吠陀》(Rig veda)，供大祭司在祭礼上选用；点火和行祭的祭司所念诵的咒语和诗歌汇编成《耶柔吠陀》(Yajur Veda) 本集；祭司演唱的诗歌几乎全部选自《梨俱吠陀》，但也另行编成《娑摩吠陀》(Sama Veda) 本集；第四部吠陀本集题为《阿闼婆吠陀》(Atharva Veda)，收集颂诗和咒语，内容比较通俗，有些不能用于正式祭祀。摘自：简明不列颠百科全书 (卷 3)[M]. 北京：中国大百科全书出版社，1986:85。

④ 摘自：简明不列颠百科全书 (卷 3)[M]. 北京：中国大百科全书出版社，1986:24。

⑤ 吠陀教相信遵守礼仪的信徒必有效验，并相信宏观世界与微观世界和谐一致；宇宙时时有毁灭于混沌的危险，人可以向神奉献祭品和苏摩酒，以维持世界的存在。吠陀教所崇奉的诸神有时易于相互混淆，大多数神为男性，与天和其他自然现象有关，例如因陀罗司雨，阿耆尼司火。摘自：简明不列颠百科全书 (卷 3)[M]. 北京：中国大百科全书出版社，1986:85。

⑥ 佛教最初的教义重视人类心灵的进步和觉悟，按照佛教的观点，人和其他众生一样，沉沦于苦迫之中，并不断地生死，惟有断灭贪、嗔、痴的人才能脱离轮回。悉达多・乔达摩在 35 岁时成佛，并对众人宣扬他所发现的道理。佛教信徒修习佛教的目的即在于从释迦牟尼的教训里，看透苦迫的真相，最终超越生死和苦，断尽一切烦恼。

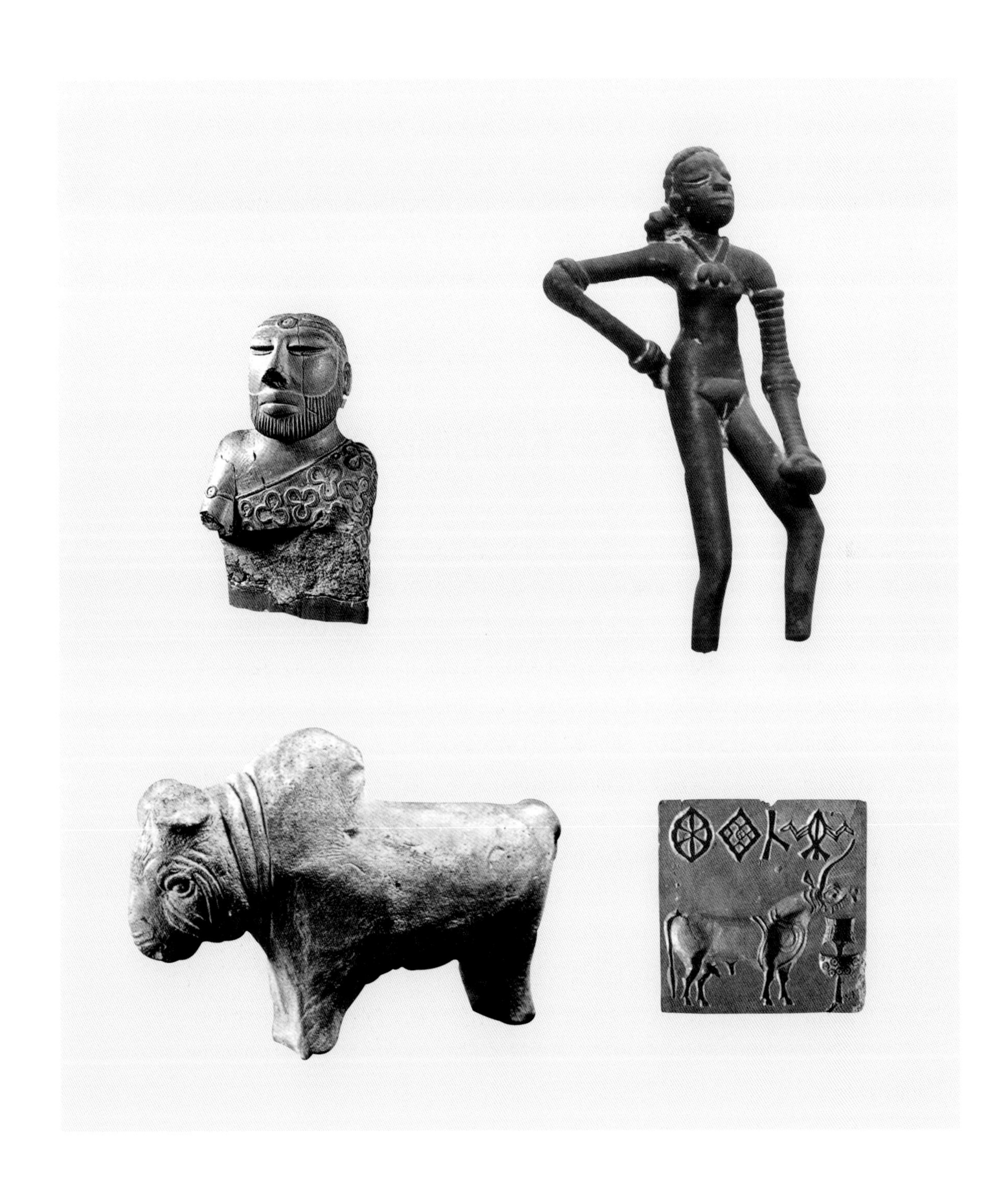

1-3	1-4
1-5	1-6

1-3 摩亨佐达罗出土的石灰石大祭司胸像

1-4 摩亨佐达罗出土的青铜器“舞女”

1-5 摩亨佐达罗出土的瘤牛赤陶

1-6 摩亨佐达罗出土的石刻印章

创始人为筏驮摩那（Vardhamana，约公元前599—前527年）。耆那教尊奉尊者大雄(Mahavira)，筏驮摩那为第24代祖师(Tirthankara)，也是最后一位祖师(大雄)，所有的祖师都是已经通过禅定训练和自我实现达到了完美或觉悟的状态，他们被认为是耆那(Jina)，即胜利者。⑦ 耆那教分为白衣派(Shvetambaras)和天衣派(Digambaras)：白衣派身穿白袍；天衣派即裸体派，以天空为衣，后世为耆那教祖师或圣者的造像多为裸体，肉体的袒露显示灵魂的纯净。

孔雀王朝至笈多王朝的佛教建筑

公元前6世纪末期，波斯人入侵印度，波斯国王大流士一世征服了印度西北部地区，大流士一世将他的印度属地建为一个省，可能是波斯帝国人口最多、最富裕的一个省。继波斯人之后，欧洲马其顿帝国的国王亚历山大大帝(Alexander the Great or Alexander III of Macedon，公元前356—前323年)侵入印度，马其顿帝国对印度西北部地区的侵略在印度文献中没有留下任何记载，却推动了孔雀王朝(Mauryan Dynasty，公元前321—前185年)的兴起。亚历山大撤出印度之后不久，被称为月护王的旃陀罗笈多(Chandragupta)推翻了摩揭陀国，建立起印度历史上的第一个帝国式政权——孔雀王朝。孔雀王朝赶走了马其顿人在旁遮普的残余力量，逐渐征服北印度的大部分地区，孔雀王朝的实力在阿育王时期(Ashoka，公元前273—前232年)达到顶峰，这位伟大的君主完成了对南方的征服，在形式上使印度统一于帝国政权之下。阿育王后期信奉佛教，大力兴建佛教建筑，广泛进行传教活动，孔雀王朝的强盛在阿育王去世后即告终止，阿育王在位时期相当于我国的东周末至西汉初。公元前150年孔雀王朝的末代皇帝被他的军队统帅普什亚密多罗·巽伽(Pushyamitra Shunga)所弑，巽伽僭越王位，建立了巽伽王朝(Shunga Dynasty)。

---

⑦ 耆那教徒的信仰是理性高于宗教，认为正确的信仰、知识、操行会导致解脱之路，进而达到灵魂的理想境界。耆那教认为没有创世之神，但有许多小神，小神分为家屋神、中介神、发光神和星辰神，此外，还有许多男女神祇。耆那教是一种禁欲宗教，如必须斋戒，禁忌某些食物，控制个人爱好，隐居自苦，放弃私欲等。耆那教的伦理学反对伤害众生，以正智、正信和正行为三宝。耆那教相信有一种名为“业”的微粒，业是引起因果连锁反应的外界事物，人必须制止新业侵入，消除已有旧业，才能解脱众业。印度耆那教徒主要集中在印度西部和北方邦，他们不从事以屠宰为生的职业，也不从事农业，主要从事商业、贸易或工业。

孔雀王朝的建筑与雕刻在继承印度本土文化传统的基础上，同时吸收了外来文化艺术，主要是波斯的文化艺术，形成印度艺术史上的第一个高峰。以前的建筑以木结构为主，阿育王时代的建筑开始从木结构向石结构过渡。据相关史书记载，孔雀王朝的都城华氏城 (Pataliputra)，靠近今日印度的巴特那 (Patna)，城堡平面呈平行四边形，沿恒河河岸绵延约 15km，城门 64 座，塔楼 570 座，相当壮观。1912 年，在印度巴特那附近的库姆拉哈尔 (Kumrahar) 发现一座列柱厅遗址，出土的“华氏城王宫柱头”(Capital of Pataliputra palace) 石刻浮雕精细，现藏于巴特那博物馆 (Patna Museum)。

1-7 孔雀王朝都城华氏城出土的王宫柱头

1-8 鹿野苑出土的萨尔纳特狮子柱头

阿育王时代奠定了佛教建筑的基本形制，如窣堵坡 (Stupa)，窣堵坡是埋藏佛祖遗骨、遗物的纪念性坟冢，以后逐渐成为象征性的礼拜对象。[⑧] 印度现有保存最完整的桑吉大塔 (Great Stupa of Sanchi) 是印度早期佛教窣堵坡的典型。桑吉大塔始建于阿育王时代，巽伽王朝时代继续扩建，形成今日的格局。桑吉大塔的塔门雕刻不仅继承了印度早期佛教艺术的传统，而且吸收了波斯、希腊等外来艺术的精华，桑吉大塔的浮雕中显示了印度早期的建筑形式，是研究印度古代建筑的珍贵资料（本书第二章中有详细介绍）。

阿育王时代的佛教信徒在比哈尔 (Bihar) 开凿了一系列仿木茅屋的石窟，为云游僧人提供栖身之地，以巴拉巴尔丘陵 (Barabar Hill) 的僧房石窟为最佳，其中的洛摩斯·里希 (Lomas Rishi) 石窟令人赞叹，石窟入口的雕刻忠实地仿照当时梁柱支撑的圆筒形木结构建筑，甚至在入口的上侧还雕刻出模仿竹编的花格窗孔，逼真地再现了当时的建筑造型。巽伽时代继续开凿石窟，在巴贾 (Bhaja) 开凿的石窟是最早开凿的佛殿石窟，此外，西印度的阿旃陀石窟群 (Ajanta Caves) 与埃洛拉石窟群 (Ellora Caves) 也是两组重要的石窟群。

阿育王为了炫耀王权，同时弘扬佛法，在所辖区境内敕建了约 30 根纪念性独立石柱，被称为“阿育王石柱” (Ashoka Pillars)。阿育王石柱的柱高约 10m，柱身由整块砂石雕琢磨光成圆柱，另一块砂石雕刻柱头，柱头由钟形柱托、鼓状顶板和动物形状的柱顶组成，柱头雕刻的动物代表宇宙四方：狮子代表北方，大象代表东方，牛代表西方，马代表南方。1904 年，著名的“萨尔纳特狮子柱头” (Lion Capital at Sarnath) 在印度佛教圣地萨尔纳特 (Sarnath) 出土，萨尔纳特也称鹿野苑，“萨尔纳特狮子柱头”大约制作于公元前 242—前 232 年期间，现存于萨尔纳特考古博物馆 (Archaeological Museum, Sarnath)，这个柱头是阿育王石柱雕刻的极品。“萨尔纳特狮子柱头”顶端蹲着 4 只背对背的圆雕雄狮，雄狮背脊相连，面向四方，虽然雕刻细部已风格化，但狮子的造型相当逼真。“萨尔纳特狮子柱头”具有政治与宗教的双重象征意义，1950 年被选作印度共和国国徽的图案。

公元前 150—300 年，印度次大陆陷于混乱，外族先后侵入北印度，大月氏人成为最成功的侵入者，他们在北印度建立了强大的贵霜王朝 (Kushan Dynasty)。贵霜帝国时代对印度文化艺术的贡献是犍陀罗 (Gandhara) 艺术。犍陀罗在今日巴基

---

⑧ 窣堵坡在印度最初是为了埋藏佛祖遗骨，又来又在佛祖出生、涅槃 (Nirv ā ṇa) 的地方建造了窣堵坡，随着佛教在印度各地的发展，在佛教盛行的地方也建起窣堵坡，争相供奉佛祖舍利，此后，窣堵坡也成为世界各地高僧圆寂后埋藏遗骨的地方。窣堵坡在东汉时传入中国，翻译为“塔”，与中国本土建筑造型结合，塔在中国得到广泛发展，甚至演变成为重要的景观建筑。

“圆寂”为佛教用语，即一般人理解的僧尼逝世，梵语称之为“涅槃”，佛教认为圆寂是一种境界，是一种解脱，达到诸德圆满，诸恶寂灭。

斯坦的白沙瓦一带，是古代印度的西北门户。犍陀罗艺术是东西方文化融合的产物，是印度佛教艺术与希腊化艺术的结合，也称为“希腊式佛教艺术”(Graeco-Buddhist Art)。后期犍陀罗艺术西部的中心在今日阿富汗的喀布尔西北，兴都库什山脉西段河谷摩崖上的石窟群中有举世闻名的“巴米扬大佛”(Colossal Buddhas of Bamiyan)，大约作于公元 5 世纪，遗憾的是已被完全破坏。

1-9 阿育王时代开凿的洛摩斯·里希僧房石窟入口

1-10 巽伽时代开凿的巴贡佛殿石窟入口

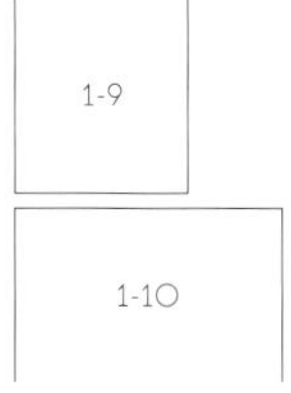

贵霜帝国强盛了若干世纪之后再度分裂，北印度的古国摩揭陀重新崛起，公元320年，旃陀罗笈多一世(Chandragupta Ⅰ)创建了笈多王朝(Gupta Dynasty)。笈多王朝（公元320—600年）是继孔雀王朝之后印度的另一个强大王朝，也是由印度本土人建立的最后一个帝国政权，被认为是印度古典文化艺术的黄金时期。笈多王朝统一了北印度，但在南方则并没有扩张得太远。笈多王朝的文化非常繁荣，婆罗门教再度兴起，并开始向现代印度教(Hinduism)转变，佛教和耆那教也仍然拥有众多信徒，笈多王朝君主的宗教政策容许所有教派传播各自的观念。

印度教是从婆罗门教演变过来的，同时也吸收了佛教和耆那教的某些教义，并且继承了印度土著居民达罗毗荼人的生殖崇拜文化。[⑨] 印度教信仰多神，据说有3300万个神灵，但多数印度教徒只崇拜一个主神。印度教有三大主神：梵天(Brahma)、毗湿努(Vishnu)和湿婆(Shiva)。梵天是第一位的主神，是创造万物的始祖，毗湿努是第二位的主神，是宇宙的维持者，能创造和降服魔鬼，被奉为保护神，湿婆是第三位的主神，是世界的破坏者，是主宰生殖与毁灭之神。在笈多时代，崇拜毗湿奴和湿婆的人更多一些，印度教对印度人的生活和建筑艺术始终有着极为重要的影响。在笈多王朝的支持下，北印度各地开始兴建印度教神庙，印度教神庙被视为印度诸神在人间的住所。印度教神庙逐步形成一定的建筑制式，通常由柱廊(mandapa)、主殿(vimana)、圣所(garbha-griha)和高塔或悉卡罗(shikhara)等单元组成。主殿的梵语vimana原义为诸神巡行天界的车乘，vimana在印度神庙中指整座神庙或主殿；圣所的梵语garbha-griha原义为子宫或胎室，在印度神庙中圣所指安置神像或安置神的象征物的密室；柱廊的梵语mandapa原义为遮棚，在印度神庙中指主殿前的门廊；高塔的梵语shikhara原义为山峰，在印度神庙中指神庙圣所上方塔形的屋顶，象征诸神居住的神山。

---

⑨ 印度教有许多教派，所有的印度教派都以公元前1500年的《吠陀》经典集作为教义，此外，各教派还另有各自信奉的经文。印度教将人分为4个种姓：婆罗门、刹帝利、吠舍和首陀罗，婆罗门的地位最高，其余种姓的社会地位依次降低，各种姓都有自己的道德法规和风俗习惯，一般不能互相通婚。除了上述4个种姓以外，还有一种被排除在种姓之外的人，即贱民，所谓“不可接触者”，圣雄甘地将贱民称为“哈里真”(Harijan)、意为神的子民(children of God)，印度独立后统称“达利特”（意为受压迫的人），达利特的社会地位最低，最受歧视，好像被排斥在社会之外。印度教种姓制度下的妇女地位低下，支持童婚，寡妇的境遇悲惨。种姓制度把印度教社会分成若干社会集团，集团之间有高低之分，贵贱之别，给印度社会造成了非常恶劣的影响，虽然印度经历了经济的现代化并且制定有关禁止歧视的法律，但是种姓制度在印度社会的地位依然重要。印度是世界上受宗教影响最深的国家之一，宗教的影响深入到社会与文化的各部分，宗教在人民的生活中扮演中心和决定性的角色，印度也是一个宗教色彩非常浓厚的国家，几乎能在印度找到世界上所有的宗教，堪称“宗教博物馆”，但是，印度最重要的宗教是印度教，全印度有约80%的人口信仰印度教。

印度中世纪的拉杰普特建筑与伊斯兰建筑

从公元 7 世纪中叶到 13 世纪末被称为印度的中世纪 (Medieval Period of India)，即从笈多王朝衰亡到穆斯林(Muslims)征服北印度为止。[10] 在印度的中世纪，几乎所有的北印度政权都是拉杰普特人 (Rajputs) 建立的，因此，也称为拉杰普特时期。南方的遮娄其人（Chalukyas）是拉杰普特人的一支。拉杰普特人并没有一个统一的国家，拉杰普特的土邦王国之间也有矛盾，但是拉杰普特人却一致抵抗伊斯兰教对印度的影响，以致拉杰普特人常被认为是印度教的保卫者。[11]

印度教的神庙在中世纪得到很大的发展，尤其是在印度的北方，公元 950—1050 年期间，拉杰普特人在以神庙之城著称的卡杰拉霍 (Khajuraho) 建造了约 85 座神庙，既有印度教神庙也有耆那教神庙，今日尚有 25 座神庙保存完好，成为研究中世纪印度宗教建筑的宝贵财富。

穆斯林对印度的征服始于 11 世纪，是由中亚的突厥人 (Turks) 和阿富汗人进行的。德里苏丹国 (Delhi Sultanate) 是由来自阿富汗的突厥人建立的穆斯林政权，定都德里，先后有 5 个王朝在德里进行过统治，在莫卧儿帝国建立之前，北印度主要由德里苏丹国统治，但是德里苏丹国并没有统一印度，仅是北印度最大的王国，北印度的拉杰普特人继续保有强大的力量。德里苏丹国时期，印度的穆斯林文化有了很大发展，许多苏丹（德里苏丹国王）执行相对宽松的宗教政策，除了征收人头税之外并不对非穆斯林居民进行迫害。

为纪念 1192 年穆斯林占领德里，德里苏丹国第一任苏丹顾特卜乌德丁·艾巴克 (Qutb-ud-Din Aibak) 于 1199 年在德里开始建造威力清真寺 (Quwwat-ul-Islam mosque) 和顾特卜塔 (Qutb Minar)，建筑材料来自当地被穆斯林拆毁的其他教派庙

⑩ 伊斯兰教的信徒称为穆斯林。伊斯兰教是世界主要宗教之一，阿拉伯语“伊斯兰”意为“顺从”，即伊斯兰教的基本思想，信徒以“顺从唯一真主安拉的意志”为己任。摘自：简明不列颠百科全书(卷9)[M]. 北京：中国大百科全书出版社，1985:49。

⑪ 拉杰普特人是中世纪初期在印度中西部兴起的部族，拉杰普特源自梵语 Raja Putra，意为“王族后裔”，他们自称属于婆罗门教的刹帝利，但实际上部族内人们的地位相差很大。公元 9—10 世纪，拉杰普特人在印度政治上占有重要地位，拉杰普特人的土邦王朝统治着北印度。穆斯林征服东旁遮普和恒河流域以后，拉杰普特人在拉贾斯坦的堡垒和中印度的森林里继续保持独立，他们承认莫卧儿王朝的最高统治权，也担任过莫卧儿王朝的文、武高官。1818 年，拉杰普特人承认英国为宗主国，1947 年，印度独立后，拉贾斯坦的拉杰普特各土邦合并成为拉贾斯坦邦。

宇的废墟，建成后的清真寺回廊、列柱上残留着印度教或耆那教神庙的装饰浮雕，但浮雕中的人物与动物形象已被毁坏。顾特卜建筑群是伊斯兰建筑在印度的最早范例。⑫

16 世纪，中亚信奉伊斯兰教的莫卧儿人 (Mughals) 入侵印度，先后战胜了德里苏丹国和拉贾斯坦的拉杰普特人的土邦王国，1526 年建立了莫卧儿王朝 (Mughal Dynasty)。莫卧儿王朝开国皇帝巴伯尔 (Babur) 的父系祖先是突厥人，母系祖先是蒙古人，巴伯尔的统治时间很短，他还未来得及巩固莫卧儿王朝在北印度的地位便去世，1540 年巴伯尔的继承人胡马雍 (Humayun) 被南比哈尔地区的阿富汗人首领舍尔沙·苏尔 (Sher Shah Sur) 打败。舍尔沙的统治时期很短，但是却十分重要，他平定了孟加拉的叛乱，打败了最强大的拉杰普特人领袖，在短短 5 年之内几乎征服了整个印度北部，并且在北印度建立了自上而下的行政制度，举行土地清丈，进行了货币改革，舍尔沙的统治为莫卧儿帝国的最终建成铺平了道路。舍尔沙死后，胡马雍得到波斯国王的支持返回印度并夺回德里，不久突然死去，完成莫卧儿人伟业的任务归于其子阿克巴 (Jalal ad-Din Muhammad Akbar,1542—1605 年)。

阿克巴是莫卧儿帝国的真正奠基人和最伟大的皇帝，他在漫长的统治期间征服了印度北部全境，并把帝国的版图第一次扩展到印度南方。阿克巴对拉杰普特人采取怀柔政策，大多数好战的拉杰普特部族都归顺了莫卧儿帝国的统治。对异教宽容是阿克巴的显著特点，他不仅免除了非穆斯林的人头税，还倡导一种融合印度教与伊斯兰教的宗教改革，印度教徒也被允许担任政府官员，阿克巴时代的印度是伊斯兰世界最强大的帝国之一。阿克巴去世后，莫卧儿帝国先后由贾汉吉尔 (Jahangiri) 和沙·贾汉 (Shah Jahan，1628—1658 年) 统治，这是两个才能较为逊色的统治者，沙·贾汉最终被自己的儿子奥朗则布 (Aurangzeb) 推翻。奥朗则布是莫卧儿王朝重要的但也是最具争议的皇帝，他放弃了莫卧儿帝国初期尤其是阿克巴时代的宗教宽容政策，加强伊斯兰教的宗教地位，将印度教徒逐出政府，企图使印度完全伊斯兰化，奥朗则布恢复对非穆斯林征收人头税，并大举拆毁印度教庙宇，这些政策导致帝国境内的非穆斯林与政府的矛盾尖锐，很快演变成武装斗争，奥朗则布在位时将莫卧儿帝国的疆域扩张到最大限度，依靠军事力量统一了整个印度。莫卧儿时代相当于我国的明朝末年和清朝。

莫卧儿时代的建筑是印度古代建筑最辉煌的时期，莫卧儿建筑是伊斯兰文化、

⑫ 伊斯兰建筑是伊斯兰宗教艺术的重要形式。伊斯兰建筑的基本类型有：清真寺、陵墓、宫殿和要塞，伊斯兰建筑也包括一些民间建筑如公共浴场、喷泉和建筑的室内设计。伊斯兰建筑有一定的制式，公元 691 年建在耶路撒冷的圆顶清真寺使用了风格化的、重复的装饰花纹，即阿拉伯式花纹。伊斯兰建筑的母题 (motive) 总是围绕着重复、辐射、节律和有韵律的阿拉伯式花纹。

波斯文化与印度本土文化融合的成果。阿格拉城堡 (Agra Fort) 是阿克巴于 1565 年开始兴建的莫卧儿都城，法塔赫布尔西格里 (Fatehpur Sikri) 是阿克巴 1569 年开始敕建的莫卧儿帝国的新都城，法塔赫布尔西格里是莫卧儿时代最具创造性的建筑群。沙·贾汉执政时期曾经被认为是莫卧儿建筑的黄金时代，建筑风格由浑厚转向典雅，甚至华丽，1628 年沙·贾汉即位后开始改建阿格拉城堡内的宫殿，大量拆除原有的红砂岩建筑，代之以白色大理石的亭台楼阁，并镶嵌彩石花纹，使阿格拉城堡焕然一新。1632 年，沙·贾汉在阿格拉城堡东侧约 15km 处为他宠爱的皇后亚珠曼德·贝侬·比古姆 (Arjumand Banu Begun) 修建了世界上最著名的陵墓，陵墓以皇后的封号命名，即穆姆塔兹·马哈尔 (Mumtaz Mahal) 或称塔杰·马哈尔 (Taj Mahal)，我国通俗地译为“泰姬陵”。[13] 1639 年沙·贾汉将首都从阿格拉迁至德里，并且在德里又兴建一座由红色砂岩砌筑的德里红堡 (Lal Qila or Red Fort)。法塔赫布尔西格里、阿格拉城堡和德里红堡均为红色沙岩砌筑，是印度莫卧儿王朝著名的三大红堡。

莫卧儿时代的拉杰普特人在北印度建立的一些小王国也各自建造王宫和城堡，形成有地域特色的拉杰普特式印度建筑，拉杰普特式的王宫与莫卧儿王宫有明显区别，拉杰普特的本德拉 (Bundela) 王国在奥尔恰 (Orchha) 建立的古堡是颇具代表性的拉杰普特式建筑。奥尔恰古堡始建于 1501 年，其中的查特里斯 (Chhatris) 独具特色。查特里斯是一种纪念性凉亭，这种凉亭在莫卧儿王朝的宫殿和寺庙中也被广泛运用。拉杰普特的卡恰瓦哈 (Kacchwaha) 王国以安伯 (Amber) 为都城建造安伯城堡 , 安伯城堡是另一种类型的拉杰普特古堡，始建于 1592 年，规模较大，古堡的布局部分地吸收了莫卧儿王宫的制式。1729 年卡恰瓦哈王国又在斋浦尔建立了一座新的城市，王宫是城市的核心。拉杰普特人为印度留下了一批宝贵的建筑财富，拉杰普特建筑与伊斯兰建筑的互相融合是研究印度中世纪建筑的重要课题。

莫卧儿帝国在奥朗则布去世后逐渐衰弱，后继皇帝大都昏庸无能。莫卧儿帝国极盛时期忽视欧洲殖民者的入侵野心，18 世纪，英国和法国经过一番斗争，最终英国人取得了优势。经营英国在印度事务的主要实体是不列颠东印度公司，由于莫卧儿帝国的分裂，英国得以步步蚕食各印度王公的领土，1757 年东印度公司最后成为印度的实际统治者。由于殖民者的种种不利政策，1857 年爆发了著名的印度民族大起义，英国政府认识到其印度政策存在严重弊端，开始进行重大调整，取消了东印度公司，由印度事务大臣接管其全部职权，成立以印度总督为首的印度政府，此后，印度进入由英政府直接统治的时代。英国直接统治下的印度称英属印度，

---

⑬ 泰姬陵的“泰姬”二字，是 TAJ 的音译，有皇冠之意，因此并不能称呼葬于此的亚珠曼德·贝侬·比古姆为“泰姬”，更不能望文生义，误以为泰姬是“贵妃”。

英属印度分为13个省，其中包括缅甸。另外约有700个由印度王公统治的土邦在英国严密监督下继续存在，土邦占据印度土地面积的2/5。

19世纪中期，英国资本大量输入印度，印度资本主义快速发展，比较激进的印度知识分子发起了政治改革运动，要求英国政府给予印度人民更高的权利。1885年，印度国大党成立，印度的伊斯兰教领袖们也于1906年组建全印穆斯林联盟。国大党在两次世界大战之间多次领导反英斗争，指导方针是印度民族主义领袖莫罕达斯·甘地 (Mahatma Gandhi) 提倡的非暴力不合作。在第二次世界大战中，印度民族运动继续发展，二战结束后，英国实力急剧衰落，在印度的殖民统治已经不可能维持。1946年发生印度皇家海军起义，1947年8月14日和8月15日巴基斯坦和印度两个自治领相继成立，英国在印度的统治宣告结束。

印度的传统建筑理论

印度梵文“ Vastushastras” 是古代印度的传统建筑理论，“Vastu”的意思是“与住宅相适应的地段”或物质环境，“Shastra”可译为“知识、原理或学说”。“ Vastushastra”很难准确译成中文，由于它的理论近似中国的“风水”，我们姑且称之为“印度风水”。

印度风水涉及的方面很广，包括数学、物理、天文、宗教以及心理学等，其基本思想是为人们寻求最理想的居住环境。印度风水理论有5项基本要素：土地 (Bhumi)，水 (Jala)，空气 (Vayu)，太阳 (Agni) 和天空 (Akasha)。地球围绕太阳旋转，形成南、北两极和磁场并产生地心吸力，两极与磁场对人们的生活、健康有重大影响。雨水来自天空的云，它落在土地上，形成河流、海洋，水在自然界形成神秘的循环，人类和动、植物都离不开水，人体内血液的主要成分也是水。空气，尤其是氧气，是人类生存的必要条件，空气的温度、湿度和空气中的成分对人体健康有重要影响。太阳代表光和热，昼夜和四季的变化都与太阳相关，太阳也代表了能量、渴慕和活力，古代印度崇拜太阳，把太阳视为神的化身。天空为万物提供无限的空间，天空的概念永远超越人们的想象，无限、永恒。5项基本要素之间存在看不见的、永恒的相互关系，在住宅建设中，如果能够正确、恰当、有效地处理好5项基本要素相互之间的关系，就会创造出幸福、美满、健康的生活环境。

印度风水提供一种梵文称为“Vastu Purusha Mandala”的图形，“Mandala”通常译为曼荼罗或坛场，英语有时把它译为“占卜图”(divine chart)。曼荼罗图形

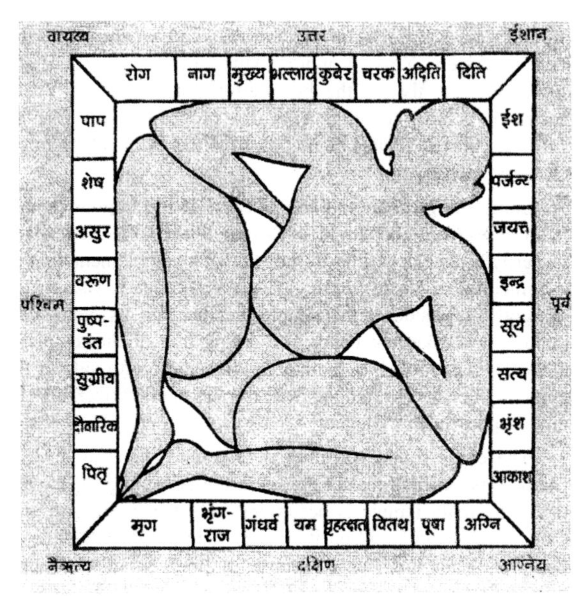

1-11 印度传统建筑理论提供的曼荼罗图形

是一幅由方格网组成的正方形图形，有一位斜卧的神，神的头部指向东北，曲膝，双脚指向西南。曼荼罗图形不同的方向和部位由不同的神控制，典型曼荼罗图形的45个部位有45位神(外环32位神，中心13位神)控制。曼荼罗图形的北方由财神控制，南方由死神控制，东方由太阳神控制，西方由水神控制，东北方向由印度教的第三位主神湿婆控制，东南方向由火神控制，西北方向由风神控制，中央则由印度教的第一位主神梵天主持。印度风水特别重视东北方向，印度的祖先认为若在东北方向有水会保证幸福、繁荣，因此，住宅的水源如水井和管井应布置在东北角。曼荼罗图形是印度风水不可缺少的指导性文献，它既是宇宙的象征也是宗教的象征，因为古代印度相信地面是方的。曼荼罗图形格网的划分是可以变的，每边可以划分多达32段，不同的图形有不同的用途，也有不同的名称，64个方格网组成的正方形图形是最具代表性的图形。曼荼罗图形最初用于神庙设计，以后发展到住宅设计和城镇规划。

印度人的住宅是休息和吃饭的地方，也是从事宗教和精神活动的地方，因此，住宅内要有两种空间。根据曼荼罗图形的要求，典型住宅是由81个（9×9）格网组成的正方形，中心的9个（3×3）格网应保留为开敞空间。印度风水把这种开敞空间比作人体的“肺”，用于宗教和各种礼仪活动，开敞空间的四周是步行道。住宅布局的一般规律是主入口设在住宅的东侧或北侧，东北角布置厅堂，用于祈祷，东南角布置厨房，西南角是主人卧室，西北角是谷物仓库，4个转角之间的房间可作多种用途，并且有进一步的规定。例如，书房的位置最好布置在北侧、西侧、西北或东北，这些方向有利增长智慧和创造性思维。当住宅层数超1层时，卧室应布置在顶层，而且卧室的顶棚应当是平的，人们睡觉时头部应朝北，双脚朝南，孩子们的卧室应当布置在西北角，客房和仆人的房间布置在西北方向。餐厅应与厨房在同一层，餐桌应为正方形或矩形并且不应靠墙布置，在厨房做饭时应面向东方，洗碗槽应在厨房的南侧。浴室应在东侧，厕所应靠近东北角，永远不要把浴室和厕所建在中心或西南角。楼梯最好布置在住宅的南侧或西南，不能把楼梯布置在东北角，楼梯的方向应当从北向南上楼梯。房间的高度也有规定，北侧房间的尺度要比南侧的房间大，理想的房间高度为 12 ~ 14 英尺 (约 3.7 ~ 4.3m)，北侧房间的高度应比南侧房间高出 6 ~ 9 英寸 (约 15 ~ 23cm)。门、窗的设计也有要求，主入口的门应大于其他内门，所有的门开启后都应面向墙壁，开窗应朝向北和东。对住宅四周的围墙有不同要求，西、南方向的围墙要厚和高，东、北方向的围墙应较矮而且较薄，这样可以有效地保护住宅的磁场。此外，房间内的大梁或柱子不应穿过中心，挑廊或平台应布置在东侧或北侧，水井不能设在入口前，住宅的地面坡度应坡向东侧、北侧或东北方向，树木应种在南侧或西侧。当住宅开始施工时，第一根立起的柱子应当在东南方向，印度风水认为这是极为重要的。印度风水很重视选址，因为在选址时可以把住宅建设应当考虑的问题预先解决，选址时要察看土质、水质、场地标高和建筑环境。⑭

印度风水还根据地球磁场现象和行星运行轨迹，提出“能量”(energy) 的理论，认为能量无所不在，能量来自各方，能量遍布自然界，这种能量可以起积极作用，也可以产生消极作用。在住宅建设中，正确地运用印度风水原则会产生积极的作用，反之，会产生消极作用。有人把这种能量称为“波拉那”(Prana)，意思是“微妙的能量”(subtle energy)。印度风水最初只是涉及建筑布局，逐步发展到影响生活、工作与身心健康，成为印度传统文化的重要内容。

从古代印度建筑的传统理论可以看到，所谓的印度风水不仅与宗教有关，更涉及自然科学和心理学。印度属亚热带气候，建筑设计与自然环境关系密切，许多具体规定几乎都与自然环境相关，印度风水对建筑设计的规定很具体，有些甚至像“建筑设计规范”，今日的印度建筑师也都要熟悉这些要求，因为信仰印度教的老百姓相信“印度风水”，但是，当这些具体规定与印度教的神灵联系在一起时令非印度教徒很难理解。印度的“Vastushastras”理论或许是作为向老百姓普及建筑学的一种方式，把建筑规范与神灵联系起来比进行科学分析要简单许多，对于缺乏科学知识的古代老百姓似乎尤为重要。

---

⑭ 摘自 Ramprakash Mathur. Architecture of India: Ancient to Modern[M]. New Delhi: Murari Lal & Sons. 2006: 25-46.

2 印度的佛教古迹与佛教石窟

Buddhist Monuments Relics and Buddhist Caves of India

2.1 鹿野苑：佛祖初次讲法的圣地

Sarnath: The Place of Pilgrimage where Gautama Buddha first taught the Dharma

佛教圣地鹿野苑在今日印度恒河中游的圣城瓦拉纳西 (Varanasi) 东北约 6.4km，相传为佛陀初转法轮的布道圣地，也是阿育王敕建窣堵坡和阿育王柱的地方，在释迦牟尼时代，这个地区隶属于印度最强大的古国之一的摩揭陀王国。鹿野苑在笈多王朝时代非常繁荣，据玄奘《大唐西域记》的记载："鹿野伽蓝 (佛寺)，区界八分，连坦周堵，层轩重阁……大垣中有精舍 (僧院)，高二百余尺……石为基阶，砖作层龛，翕币四周，节级数百，皆有隐起黄金佛像。"[15] 今日鹿野苑仍保留大量佛教建筑遗迹，现存最壮观的达梅克窣堵坡 (Dhama Stupa) 大塔建于公元 5 世纪，该塔原名达摩穆卡 (Dhama Mukha)，大塔呈圆筒形，底部直径 28.35m，包括基坛高达 43.6m，土筑砖砌的覆钵上部虽已损坏，但仍然雄伟屹立，雕刻精细，世界各地到此朝拜的佛教徒络绎不绝。

2-1 佛教圣地鹿野苑建筑遗址

---

⑮《大唐西域记》是唐代著名高僧玄奘口述，弟子辩机执笔、编集而成，共 12 卷，成书于唐贞观二十年(公元 646 年)，记录玄奘 19 年间由新疆至印度沿途的见闻和印度各地的情况，书中提供大量印度史料。

2-2　鹿野苑达梅克窣堵坡细部

2-3　鹿野苑的小型窣堵坡

2-4　鹿野苑的达梅克窣堵坡

2-5

2-6

2-5 昔日佛祖在鹿野苑初次讲法的地方

2-6 今日鹿野苑中来自各地的佛教高僧

2.2 桑吉大塔为核心的佛教古迹

The Great Stupa of Sanchi：The Core of Buddhist Monuments

桑吉（Sanchi）是印度中央邦博帕尔的一个村庄，该村以众多佛教古迹闻名于世，桑吉佛教建筑群距离博帕尔 46km，1989 年这些佛教古迹被联合国教科文组织以“桑吉的佛教古迹”(Buddhist Monuments at Sanchi) 之名列入世界遗产名录。

在“桑吉的佛教古迹”中，最著名的古迹是桑吉大塔。桑吉大塔也称为桑吉大窣堵坡 (Great Stupa of Sanchi)，始建于孔雀王朝阿育王时代（公元前 273—前 236 年），巽伽王朝和安达罗王朝都有扩建。桑吉大塔是目前保存最完好的窣堵坡形式的佛塔，塔门上雕刻的佛教故事、象征符号和动植物纹样是研究印度艺术和佛教思想的重要文献。

桑吉大窣堵坡是为了埋葬佛祖释迦牟尼火化后留下的舍利 (Śar ī ra) 建造的纪念性建筑，窣堵坡是坟冢的意思。为了进一步宣扬佛教，在佛祖出生、涅槃的地方也都建造了窣堵坡形式的佛塔。随着佛教的发展，在佛教盛行的地方建起很多佛塔，争相供奉佛祖舍利，此后，佛塔也成为高僧圆寂后埋藏舍利的建筑。[16]

桑吉遗存有 3 座窣堵坡，被考古学家编为 1、2、3 号，桑吉大塔为 1 号。桑吉大塔的主体为半球形的覆钵，梵语称“安达”(Anda)，安达原义为“卵”，象征印度神话中孕育宇宙的金卵，覆钵内填实土，外砌砖石。覆钵下面是基座，半球形覆钵顶部是珍藏圣骨的四方体，又称宝匣 (Harmika)。大塔最顶部有 3 层相轮的塔刹，相轮又称伞盖 (chattra)，伞盖的伞柱象征宇宙之轴。

桑吉大塔直径约 36.6m，高约 16.5m，周围有 4 座塔门，塔门高约 10m，塔门由砂石筑成。据说孔雀王朝阿育王时代桑吉大塔的体积仅及现有大小的一半，公元前 2 世纪中叶的巽伽王朝时代，由当地富商资助扩建，在大塔覆钵的外面垒砌砖石并涂饰灰泥，顶上增建方平台和 3 层伞盖，3 层伞盖代表佛、法、僧三宝，大塔底部构筑了砂石台基、双重扶梯、右绕甬道和围栏，使其成为现在的规模。公元前

---

⑯ 舍利是梵语 Śar ī ra 的音译，舍利是佛教用语，主要指佛陀的遗骨和骨灰。

1 世纪晚期至公元 1 世纪初又在大塔围栏四方陆续建造了南、北、东、西 4 座壮丽的砂石塔门，梵语为陀兰那 (Torana)，4 座塔门标志着宇宙的 4 个方位。桑吉大塔的布局被解释为宇宙的象征，无边佛法的宇宙中心。朝圣者一般从东门进入圣地，沿甬道按顺时针方向绕塔巡礼，据说为了与太阳运行的轨道一致，与宇宙的律动和谐，循此可从尘世超升灵境。

桑吉大塔的塔门雕刻不仅继承了印度早期宗教艺术的传统，而且吸收了波斯、希腊等外来艺术的精华。砂石塔门由 3 道横梁和 2 根方柱按插榫法构成，在横梁和方柱上布满了浮雕、半圆雕或圆雕。建造塔门的资金由当地佛教信徒捐赠，雕刻师来自贝什讷格尔城 (Beshnagar)，在南塔门上均有铭文记载。在保存完好的北门上，雕刻着波斯有翼的狮子和有翼的公牛以及驮着法轮的印度大象和驮着药叉的骏马，此外，波斯波利斯王宫常见的钟形柱头、忍冬花纹和锯齿状饰带与印度特有的莲花卷涡纹、野鹅和孔雀装饰图案也都成为雕刻的内容。南门 2 根方柱上承托横梁的狮子柱头显然是孔雀王朝阿育王狮子柱头的仿制品，南门浮雕的主要题材是本生经和佛传故事。桑吉大塔的本生故事浮雕减少，佛传故事浮雕增多。[17] 佛传故事浮雕的代表作有东门第二道横梁正面的《出家逾城》，北门第 2 道横梁正面的《降魔成道》和西门第 2 道横梁正面的《初转法轮》。

遵循印度早期佛教雕刻的惯例，桑吉大塔的佛传故事浮雕中禁忌出现佛陀本人的形象，只用菩提树、法轮、台座、足迹等象征符号代表佛陀。桑吉大塔表现佛陀的象征手法不仅非常抽象而且已经达到程式化水平，例如在《出家逾城》中用上擎华盖、空马隐喻悉达多太子出城，在《降魔成道》中用一棵菩提树和树下的空台座代表释迦牟尼悟道，在《初转法轮》中用鹿群和信徒围绕着的一个法轮和空台座象征佛陀在鹿野苑初次说法。雕塑家反复运用不太费解的哑谜式叙事技巧，使观者通过可视的符号领会佛陀的形象，这种象征手法是印度早期佛教雕刻独特的造型语言。在构图方式上，桑吉塔门的浮雕采用了密集的填充式构图和一图数景的连续性构图，浮雕中挤满了人物、动植物和建筑物，使整座塔门的视觉效果犹如放大的象牙雕刻。

桑吉大塔东门方柱与第三道横梁末端交角处的《桑吉药叉女》(Sanchi Yakshi) 圆雕托架，高约 1.5m，约作于公元 1 世纪初。桑吉药叉女是桑吉大塔最美的女性雕像，她双臂拉着芒果树枝，纵身向外倾斜，宛若悬挂在塔门之外，凌空飘荡。药叉女头部向右侧倾，胸部向左扭转，臀部又向右耸出，全身构成了富有节奏感、律动感的 S 形曲线，这种身体弯曲成 S 形的三屈式成为古代印度女性人体美的典范。

---

⑰ 《佛本生经》是经过佛教徒加工改作宣传佛陀和佛教的书，许多寓言故事反映了社会生活和市民思想，书中保留了大量民间文学创作。

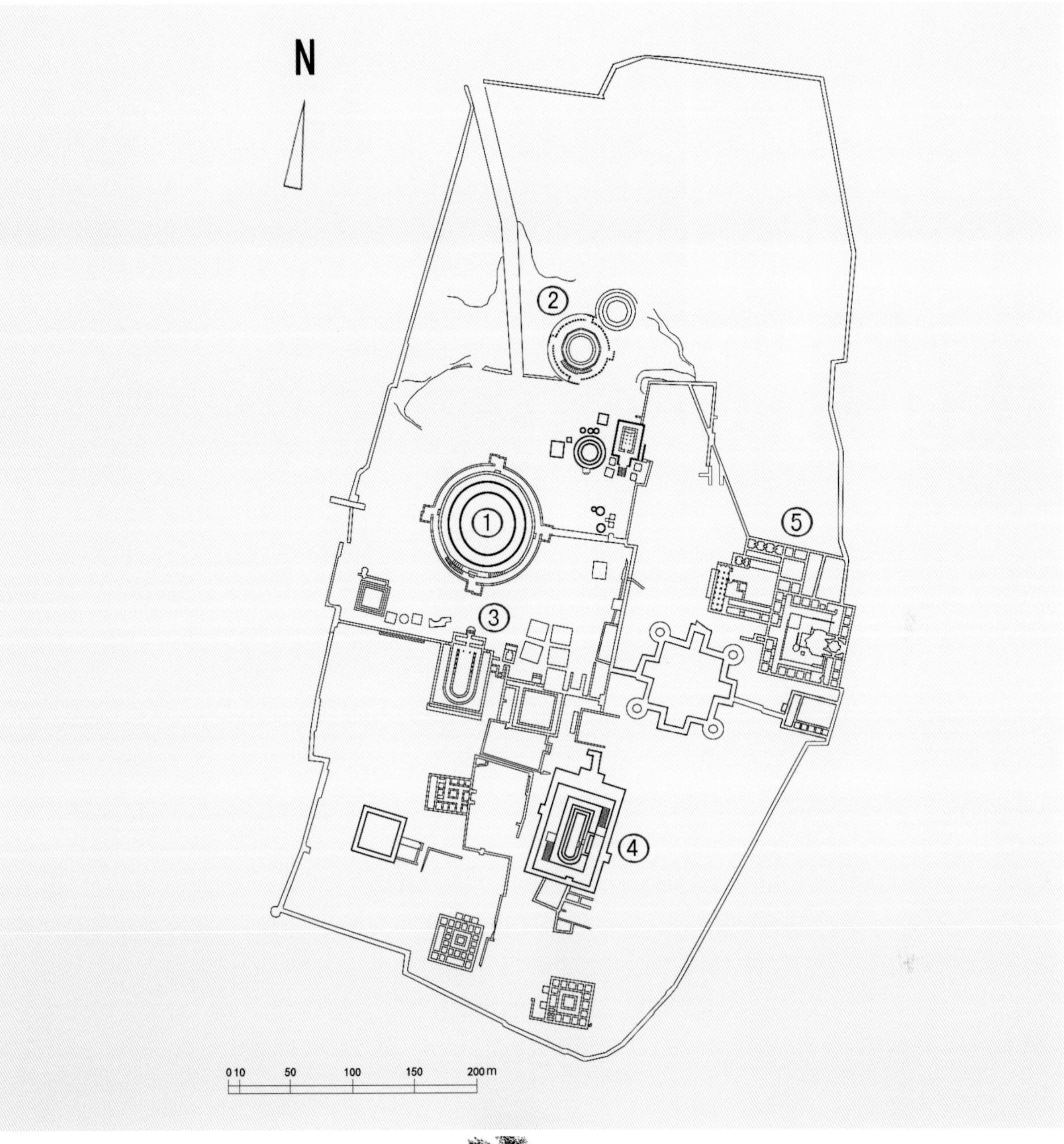

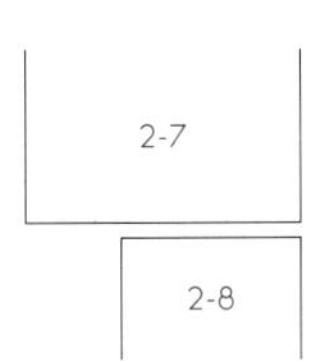

2-7 桑吉佛教建筑群总平面

1- 桑吉 1 号大塔;2- 桑吉 3 号塔;3-17 号佛寺；4-40 号佛寺；5- 僧房

2-8 远望桑吉大塔

2-11 2-9

2-10

2-9 桑吉大塔东侧立面

2-10 桑吉大塔南侧透视

2-11 桑吉大塔南侧塔门

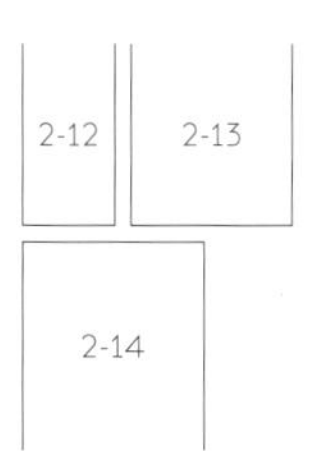

2-12　桑吉大塔南侧塔门的狮子柱头

2-13　桑吉大塔北侧塔门

2-14　从南侧看桑吉大塔北侧塔门

2-15 桑吉大塔东侧塔门

2-16 桑吉大塔东侧塔门的柱头

2-17 桑吉大塔东侧塔门的药叉女托架

2-18 桑吉大塔北门南侧横梁浮雕“降魔成道”

2-19 桑吉大塔西侧塔门柱头

2-20 | 2-22
2-21

2-20 桑吉大塔的甬道入口

2-21 桑吉大塔的甬道、栏板与塔门

2-22 桑吉大塔顶上的方平台和三层伞盖

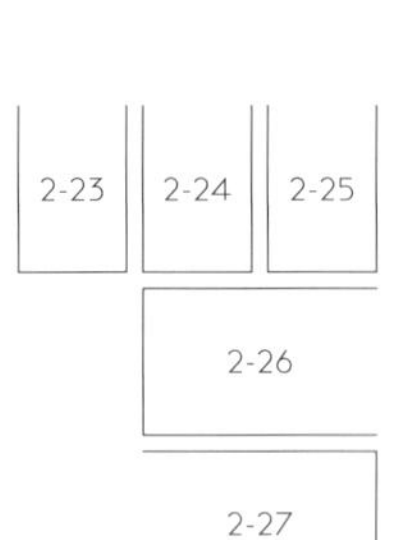

2-23 桑吉大塔的浮雕以台座代表佛陀

2-24 桑吉大塔的浮雕以菩提树代表佛陀

2-25 桑吉大塔的浮雕以行船代表佛陀

2-26 桑吉大塔的大象雕刻细部

2-27 从桑吉大塔望 17 号佛寺

2-28
2-29

2-28 桑吉佛教建筑群的 17 号佛寺透视

2-29 印度艺术家测绘桑吉大塔

药叉女几乎全身裸露，仅有耳环、项链、手镯、脚镯和一条缀满装饰物的腰带遮挡着部分躯体，雕像夸张地表现女性的乳房和阴部，普遍认为印度药叉女雕塑的裸露形象一方面是生殖崇拜的影响，另一方面是传统的风俗习惯，由于天气炎热，古代印度部分地区的居民习惯裸体或半裸。印度早期的人物雕像中多半是印度民间信仰的药叉和药叉女，这种形象起源很早，药叉是男性的精灵，药叉女是女性的精灵，药叉和药叉女也是印度古代的树神和生殖的精灵，是大地万物原生力量的化身，桑吉大塔东门圆雕托架的《桑吉药叉女》被公认是印度雕刻中最美的女性雕像之一。

桑吉 2 号塔在桑吉大塔的西侧，桑吉 3 号塔在桑吉大塔的北侧，此外，还有大小不等的多个窣堵坡。桑吉大塔的东侧和南侧保留着多处寺院和僧房遗址，有 2 处寺院建筑保护完好。桑吉大塔旁的 17 号佛寺约建于公元 415 年，是一座希腊式的平顶石结构建筑，门廊有 4 根列柱，是早期印度教神庙柱廊的形式，17 号佛寺明显地受波斯、希腊等外来艺术的影响，是研究印度早期建筑的宝贵财富。

2.3　阿旃陀的佛教石窟：印度最早的凿岩建筑

Buddhist Caves at Ajanta：The Earliest Rock-Cut Architecture of India

印度的石窟不仅是一种凿岩建筑，也是雕刻和绘画艺术，印度建筑幸存的最早范例便是阿育王时代的凿岩建筑。孔雀王朝时代，各教派的僧侣在雨季停止云游，安居静修，天然岩石中开凿的石窟成为苦行者们简易的栖身场所。公元前 3 世纪的凿岩建筑仅仅是石窟艺术的开端，以后延续了 1000 多年，为佛教徒、耆那教徒和印度教徒开凿了近 1200 座凿岩石窟，构成印度建筑独特的篇章。阿旃陀石窟群与埃洛拉石窟群是印度石窟中最突出的 2 组，1983 年阿旃陀石窟群与埃洛拉石窟同时被联合国教科文组织列入世界遗产。

阿旃陀石窟群是印度佛教艺术的伟大宝库，阿旃陀在印度德干高原马哈拉施特拉邦的重镇奥兰加巴德 (Aurangabad) 西北约 106km。最初的佛教石窟始建于公元前 2 世纪，公元 5—6 世纪的笈多王朝时期继续开凿了更多的石窟，沿着瓦戈拉河 (Waghora River) 的马蹄形丘陵岩壁，共有 30 座石窟。阿旃陀石窟均系佛教石窟，这些石窟沿着玄武岩陡壁从东向西排列，长达 550m。阿旃陀的石窟全部是从天然玄武岩中雕刻出来的，石窟的壁画尤负盛名。阿旃陀石窟是佛教艺术的经典之作，是建筑、雕刻和壁画艺术高度结合的成果。阿旃陀石窟的建筑形式可分为支提窟 (Chaitya) 和毗诃罗窟 (Vihara) 两种。支提窟是佛殿，在阿旃陀石窟有 5 个支提窟，其余的石窟均为毗诃罗窟，毗珂罗窟是僧房。阿旃陀石窟的编号顺序是依据地理位置，自东向西排列，编号的顺序与开凿年代无关。阿旃陀石窟按照开凿年代可分前后两期：前期开凿的石窟属小乘佛教时期，约开凿于公元前 2—公元 2 世纪；后期开凿的石窟属大乘佛教时期，约开凿于公元 450—650 年。⑱

阿旃陀后期开凿的石窟结构较为复杂，装饰也逐步华丽。阿旃陀石窟的 1 号窟是后期开凿的石窟，约开凿于公元 550—600 年，不仅入口增加了柱廊，而且柱廊和内部的 20 根列柱均雕刻精细。阿旃陀 1 号窟前室左壁的壁画是著名的《持莲花菩萨》(Bodhisattva Padmapani)，菩萨身材高大，区别于周围的人物形象，超常的比例象征着超凡的精神。菩萨头戴镂金的尖顶宝冠，半裸的身体佩戴着宝石项链、珍珠圣线、臂镯和手镯，右手拈着一杂青莲花，表情宁静，神态优雅，弓形的眉毛、低垂的眼神，似乎在沉思冥想，一幅悲天悯人的表情。菩萨周围背景衬托着各种人物、动物和植物，使菩萨的形象格外突出。《持莲花菩萨》约作于公元 500—650 年间，被认为是从古典主义的高贵、典雅转向华丽的过渡作品，“悲悯”与“艳情”的折中，宗教与世俗的共处。⑲ 阿旃陀 1 号窟的另一幅壁画《摩诃贾纳卡本生》(Mahajanaka Jataka) 约作于公元 600 年前后，是表现摩诃贾纳卡 (Mahajanaka) 王子历尽波折终于继承王位而又毅然出家的故事。壁画以一图数景连续的方式表达，其中一幅场景名为“舞女与乐师”，舞女的衣着和姿态美妙动人，显示出追求世俗享乐的倾向。《摩诃贾纳卡本生》的绘画被认为是阿旃陀壁画中的“凹凸法”(nimnonnata)，即在人物形象的轮廓内通过深浅不同的色彩晕染，构成色调层次的明暗变化，产生浮雕式凹凸的立体感。阿旃陀 26 号窟约开凿于公元 600—642 年，窟内的岩壁旁横卧一尊长达 7.27m 的《涅槃佛像》(Nirvana of Buddha)，是印度境内现存最大的佛像，佛陀在双树之间的床上侧身横卧，头枕长枕，表情静谧，瞑目圆寂，床下的长条浮雕是一排跪着的哀悼人群。阿旃陀 19 号石窟的门廊和 17 号石窟内的雕刻和彩画都很有特点，显示了笈多王朝时代的建筑水平。

---

⑱ 佛教按教理划分可分为上座部佛教和大乘佛教两大支。佛教按历史时期划分可分为原始佛教、部派佛教和大乘佛教三个时间段，其中部派佛教又被称为小乘佛教。佛教按地理位置可分为南传佛教与北传佛教二大传承，随着藏传佛教的出现，北传佛教又分为汉传佛教与藏传佛教。如果说小乘佛教的核心是“苦”，讲究拯救自我，那么大乘佛教的核心就是“悲”和“空”。

⑲ 菩萨（Bodhisattva）是佛教用语，成佛以前的乔达摩和在今生或来世将要成佛的人可被称为菩萨。大乘佛教推崇菩萨，因为菩萨慈悲，把自己的功德转让虔信他的人。天界菩萨是永恒佛陀的化身，最高的天界菩萨是观世音。中国内地人普遍崇敬的菩萨是文殊、地藏、普贤和观世音。

2-30 2-31
2-32 2-33
2-34

2-30 远望阿旃陀石窟

2-31 阿旃陀石窟 17 号至 20 号洞入口

2-32 阿旃陀石窟 1 号洞入口门廊

2-33 阿旃陀石窟 1 号洞入口檐部雕刻

2-34 阿旃陀石窟 1 号洞的《摩诃贾纳卡本生》壁画

2-35 阿旃陀石窟 1 号洞著名的《持莲花菩萨》壁画

2-36 阿旃陀石窟 26 号洞入口

2-37 阿旃陀石窟 26 号洞内的窣堵坡

2-38 阿旃陀石窟 26 号洞内的石雕《涅槃佛像》

2-39 2-40

2-39 阿旃陀石窟 26 号洞《涅槃佛像》的头部

2-40 阿旃陀石窟 26 号洞《涅槃佛像》的下身

2-41 2-42
2-43

2-41 阿旃陀石窟 26 号洞壁雕刻

2-42 阿旃陀石窟 16 号洞外的石雕大象

2-43 阿旃陀石窟 19 号洞入口檐部及采光高窗

2-44

2-45

2-44 阿旃陀石窟 19 号洞入口柱头与石雕

2-45 阿旃陀石窟 17 号洞内顶部彩画

3 拉杰普特人的印度教神庙与水井

Hindu Temples and Wells of Rajputs

3.1 卡杰拉霍的神庙群：中世纪拉杰普特人的贡献

Group of Temples of Khajuraho：Contributions of Rajputs in Medieval Period

卡杰拉霍 (Khajuraho) 位于印度中央邦北部的恰塔尔普尔区 (Chhatarpur District)，新德里东南 620km。卡杰拉霍神庙群建于公元 950—1050 年的 100 年期间，恰塔尔普尔在中世纪曾经是章德拉王朝 (Chandella Dynasty, 950—1203 年) 的都城。章德拉人 (Chandelas) 是拉杰普特人的一个分支，一度在北印度势力强大，他们奉行宽容的宗教政策，在卡杰拉霍既建造印度教神庙，也建造耆那教神庙。14 世纪，信奉伊斯兰教的莫卧儿王朝兴起并逐渐控制了印度次大陆，他们在摧毁章德拉王国的同时也对印度教神庙大肆破坏，卡杰拉霍残存的神庙被高大的丛林遮掩，幸免于难，1335 年被一位旅行者伊本· 巴图塔 (Ibn Battuta) 发现，直到 19 世纪，残存的神庙才引起人们的重视。卡杰拉霍神庙群 (Khajuraho Group of Monuments) 于 1986 年被联合国教科文组织列入世界遗产名录。

公元 950 年左右是章德拉王国的鼎盛时期，在此后的 100 年间，几代国王大兴土木，在 6km^2 的范围内陆续修建了 85 座既壮观又精美的印度教和耆那教神庙，现在仅幸存 22 座。卡杰拉霍的神庙由浅黄色砂岩砌筑，主塔悉卡罗 (Shikhara) 顶上原有的白色石膏涂层现已脱落，神庙群在蓝天映衬下赫然耸立、高低错落，暗示着远处的喜马拉雅山，因为中世纪的印度教神庙被认为是“世界之山”。[20]

幸存的卡杰拉霍神庙可以分为东、西、南 3 个群落，西区的规模最大，西区以印度教神庙为主，东区是耆那教神庙。

卡杰拉霍西区祀奉湿婆 (Shiva) 的坎达里亚· 摩诃提婆神庙 (Kandariya Mahadeva Temple) 在卡杰拉霍占居首位，是卡杰拉霍神庙群中最为壮观的一座建筑。坎达里亚·摩诃提婆神庙由 84 座小塔簇拥着主塔悉卡罗，主塔高约 34m，按照印度教神庙固定的制式，主塔造型分为 3 段，下部是基座，上部是塔顶，中间是塔身，塔身较长并且向上递收，造成强烈的向上动势。坎达里亚·摩诃提婆神庙

⑳ 罗伊 · 克雷文 . 印度艺术简史 [M]. 王镛等译 . 北京：中国人民大学出版社 ,2004：169。

外侧有多层次的折面，为布置雕刻提供条件，也为众多神灵提供位置，神庙外侧的石刻雕像共有 646 座。坎达里亚·摩诃提婆神庙内部空间相对较小，内部空间分 4 个层次：门廊、门厅、主殿和圣所，圣所上方是高塔悉卡罗，圣所内祀奉湿婆，以抽象的男性生殖器形象出现的林伽 (Lingam) 表现湿婆，象征湿婆是主宰生殖的大神，林伽是用白色大理石雕刻的。[21] 圣所是一间密室，也称胎室 (Garbhagriha)，圣所周围有一条绕行的甬道，柔和的光线从高侧窗溢入，增加了圣所的神秘。

卡杰拉霍西区的拉克什曼纳神庙 (Lakshmana Temple) 建于公元 930—954 年，祀奉毗湿奴，塑有 4 臂的毗湿奴供奉在神庙的圣所内，拉克什曼纳神庙不仅有神庙的主塔，在基座的四角还各有一座配塔，形成一组对称的塔群。经常出现的毗湿奴身着王者衣冠，佩戴珠宝和花环，四臂手持法螺、轮宝、莲花、神弓或宝剑，坐在莲花上或乘骑金翅鸟，据说毗湿奴有 10 种化身，每次化身降凡都拯救了人类。毗湿奴有 2 位神妃，一位是吉祥天女拉克希米 (Lakshmi)，另一位是大地女神普弥 (Bhumi)，拉克什曼纳神庙内外有不少雕刻描绘毗湿奴的故事，尤其是和他的神妃亲密拥抱的场景。

卡杰拉霍西区的瓦拉哈神庙 (Varaha Temple) 供奉毗湿奴的化身、野猪瓦拉哈 (Varaha)，据说毗湿奴化身野猪瓦拉哈从洪水深渊中拯救出了沉溺的大地女神普弥，瓦拉哈神庙规模较小，仿佛拉克什曼纳神庙的“配套项目”。

卡杰拉霍西区神庙群是印度神庙中人物雕塑最集中的地方，再现了印度当时的生活场景，如舞蹈、奏乐、耕种、战斗、梳妆、写信等日常生活。石刻雕像中最多的是美女，她们大都丰乳肥臀，浑身珠光宝气，以各种姿势出现，或是化妆描眉，或是拈花微笑，或是照镜梳头，或在手舞足蹈，甚至是用手挑脚底上的刺，栩栩如生，雕刻人物的尺度基本上与真人一致，雕刻技法娴熟，内容广泛，堪称世界石刻艺术的瑰宝，卡杰拉霍神庙群的雕刻不仅体现了印度古代高超的石刻艺术，更体现了印度人对美的追求和对生活的热爱。卡杰拉霍神庙是艺术的殿堂，是雕塑和建筑完美结合的典范，是了解中世纪印度中部地区宗教与文化生活的窗口。

卡杰拉霍西区神庙雕刻中有一些男女交欢的场面，雕刻间隔地分布，据说占全部人物雕刻的 8% 左右，被认为是雕刻在石头上的《爱经》，尽管男女交欢场面的雕刻只占全部石刻的很小部分，却因这些大胆和奇特的雕刻令卡杰拉霍闻名于世。章德拉王国的统治阶层在神庙的外墙上雕刻如此暴露的性爱场面常常令人不解，由

---

[21] 印度教的湿婆大神经常以各种相貌出现，如林伽相、舞王相、恐怖相、三面相、瑜伽之主相等，林伽相是抽象的男性生殖器。由于湿婆被认为是生殖之神，象征湿婆的标志之一是林伽（男根），或林伽与优尼（女阴）组合的抽象雕塑，抽象雕塑隐喻宇宙的生殖能力或宇宙的男性活力与女性活力的结合。

3-1
3-2
3-4
3-3

3-1 远望西区印度教坎达里亚 · 摩诃提婆神庙

3-2 坎达里亚 · 摩诃提婆神庙南立面

3-3 坎达里亚 · 摩诃提婆神庙平面

3-4 坎达里亚 · 摩诃提婆神庙精雕细刻的主塔悉卡罗

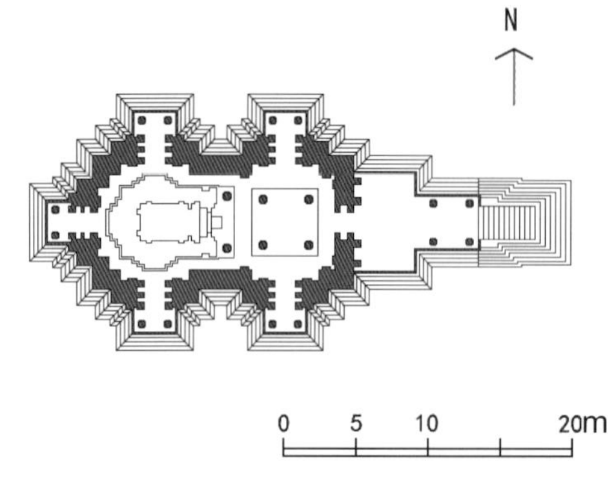

3-5 仰视坎达里亚·摩诃提婆神庙主塔转角

3-6 坎达里亚·摩诃提婆神庙主塔转角细部石雕

3-7 坎达里亚 · 摩诃提婆神庙毗湿奴与美女石雕

3-8	3-9	3-10
3-11		

3-8 仰视坎达里亚 · 摩诃提婆神庙主塔转角顶部

3-9 坎达里亚 · 摩诃提婆神庙小仙帮助美女从脚上拔刺的石雕

3-10 坎达里亚 · 摩诃提婆神庙美女化妆的石雕

3-11 坎达里亚 · 摩诃提婆神庙男女交欢的石雕

3-12　坎达里亚·摩诃提婆神庙美女描眉的石雕

3-13　坎达里亚·摩诃提婆神庙美女从脚上拔刺的石雕

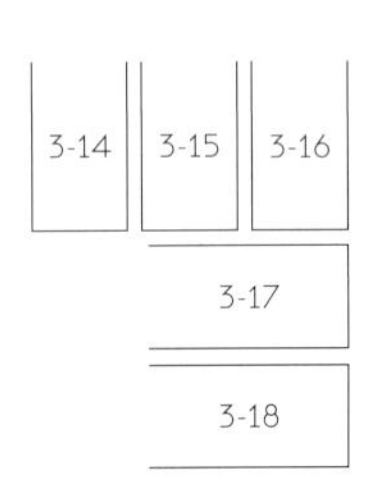

3-14 坎达里亚 · 摩诃提婆神庙美女梳头的石雕

3-15 坎达里亚 · 摩诃提婆神庙的情侣与小动物石雕

3-16 坎达里亚 · 摩诃提婆神庙毗湿奴化身石雕

3-17 坎达里亚 · 摩诃提婆神庙入口前的台阶

3-18 坎达里亚 · 摩诃提婆神庙入口檐部石雕

3-19 坎达里亚 · 摩诃提婆神庙的主殿室内

3-20 坎达里亚 · 摩诃提婆神庙主殿室内壁雕

3-21 坎达里亚 · 摩诃提婆神庙细部石雕上的松鼠

3-22 坎达里亚 · 摩诃提婆神庙的石雕细部透视

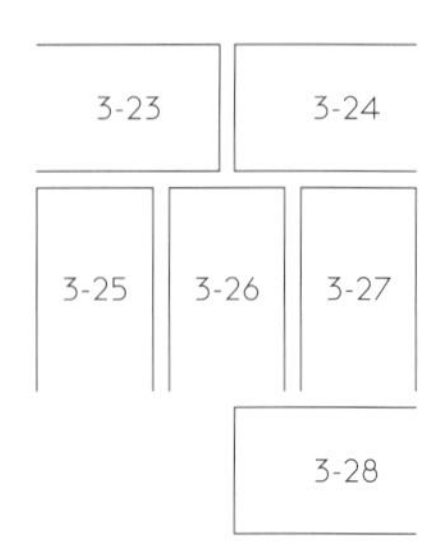

3-23 坎达里亚·摩诃提婆神庙圣所内的林伽象征湿婆

3-24 卡杰拉霍西区毗湿奴化身石雕

3-25 卡杰拉霍西区瓦拉哈神庙中毗湿奴化身野猪瓦拉哈

3-26 杰拉霍东区祀奉耆那教第 23 代祖师的帕尔斯瓦纳特神庙

3-27 杰拉霍东区帕尔斯瓦纳特神庙顶部

3-28 杰拉霍东区帕尔斯瓦纳特神庙排水口

3-29	3-30	3-31
3-32	3-33	

3-29 杰拉霍东区白色的耆那教神庙

3-30 杰拉霍东区祀奉耆那教大雄的祀堂

3-31 杰拉霍东区祀奉耆那教大雄祀堂的入口

3-32 杰拉霍东区耆那教神庙的装饰简洁

3-33 杰拉霍东区耆那教大雄的石雕

于历史记载甚少，始终没有权威性答案，至今众说纷纭。一种简单的说法是章德拉的国王们荒淫奢靡，他们用这些雕刻来刺激自己的性欲，及时行乐。较为确切的说法是当时盛行印度教密宗 (Tantric school of thought)，章德拉王国的统治阶层支持并发展了密宗思想，社会生活各方面都很开放，也包括性生活。密宗认为人体是宇宙的缩影，宇宙被分为阳性 (male) 和阴性 (female)，没有二者的结合任何事情都办不成，没有二者的合作，任何事物也都无法存在，因此，男女性欲的描绘 (erotic depictions) 必然会成为神庙雕刻的一部分。[22]

卡杰拉霍东区祀奉耆那教第 23 代祖师的帕尔斯瓦纳特神庙 (Parshvanath Temple) 可以与西区的坎达里亚神庙媲美，这座耆那教神庙建于公元 950—970 年，神庙的雕刻是卡杰拉霍雕塑中的优秀范例，耆那教的天衣派提倡裸体，以天空为衣，脱离世俗的羁绊，耆那教大雄的石雕都是裸体的，耆那教神庙也有表达男女爱情的雕刻，但是没有男女交欢的场面。帕尔斯瓦纳特神庙的雕刻造型简洁，部分石料被处理成独特的棱角，显示出略有夸张的生动形象。

卡杰拉霍的东区还专门为信徒建立了祀奉耆那教大雄的祀堂和宣传耆那教的展馆，祀堂的内院尺度亲切，展馆的图片颇具宣传效果。

3.2　埃洛拉的凯拉萨神庙：垂直开挖的凿岩建筑

Kailasa Temple at Ellora: Vertically Excavated Rock-cut Architecture

埃洛拉石窟位于印度德干高原马哈拉施特拉邦的重镇奥兰加巴德西北约 25km 处，石窟区沿着南北向的火山岩山坡，全长约 2km。埃洛拉石窟群共有 34 座石窟，其中佛教石窟 12 座，印度教石窟 17 座，耆那教石窟 5 座，石窟开凿于公元 7—11 世纪时期，是印度早期重要的宗教建筑。埃洛拉的 17 座印度教石窟约开凿于公元 7—9 世纪，印度教的石窟气势雄伟，装饰华丽，有大量的湿婆、毗湿奴及其化身的雕刻，显示了中世纪印度教艺术的最高成就。

埃洛拉石窟的第 16 号石窟名为凯拉萨纳塔神庙 (Kailashnath Temple)，简称

㉒ 摘自联合国教科文组织评定卡杰拉霍神庙群为世界遗产时的“长篇描述”(Long Description)。

3-34

3-35

3-36

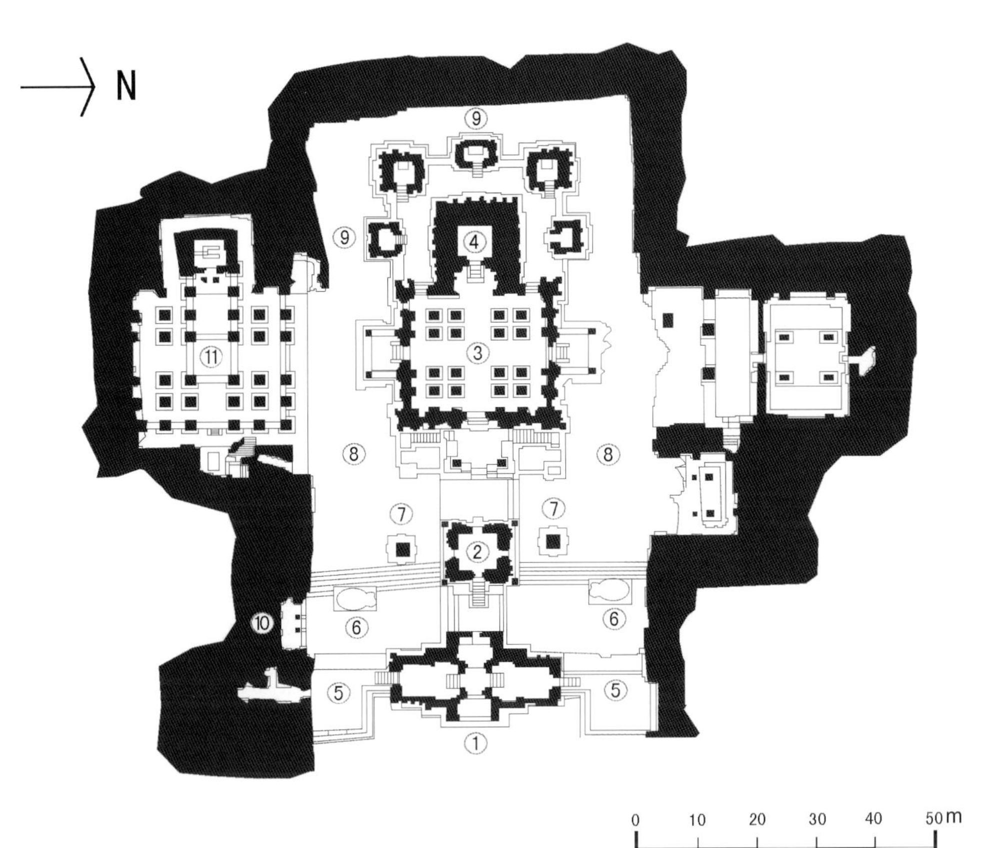

3-34 印度教凯拉萨神庙平面

1- 入口门楼；2- 南迪神殿；3- 前殿；4- 主殿圣所；5- 廊桥；6- 石象；7- 巨石幢柱；8- 庭院；9- 附属神殿；10- 河神殿；11- 配殿

3-35 印度教凯拉萨神庙横剖面

3-36 印度教凯拉萨神庙纵剖面

3-37	3-38
3-39	3-40
	3-41

3-37 俯视垂直开挖的印度教凯拉萨神庙

3-38 俯视凯拉萨神庙的南迪神殿和前殿

3-39 俯视凯拉萨神庙的主殿

3-40 凯拉萨神庙幢柱和廊桥的空间关系

3-41 凯拉萨神庙的巨石幢柱和南迪神殿

3-42 凯拉萨神庙门楼和南迪神殿间的庭院

3-43 从凯拉萨神庙门楼内的庭院望河神殿

3-44 凯拉萨神庙外部空间的高低变化

3-45

3-46 3-47

3-48 3-49

3-45 凯拉萨神庙檐部

3-46 凯拉萨神庙的河神殿与庭院中的石象

3-47 凯拉萨神庙主殿上面的主塔悉卡罗

3-48 凯拉萨神庙主殿上面主塔的塔顶

3-49 凯拉萨神庙入口外侧的门廊

3-50 凯拉萨神庙门廊的高浮雕秃鹫之王追啄化身美男的魔王

3-51 凯拉萨神庙中湿婆化身舞王的高浮雕

3-52 凯拉萨神庙衬有彩画的高浮雕

3-53 凯拉萨神庙主殿内祭奉象征湿婆的林伽与优尼

凯拉萨神庙 (Kailasa Temple)。凯拉萨神庙是从天然火山岩中垂直开凿出来的一组宏伟的建筑群、祀奉印度教大神湿婆的神庙。凯拉萨神庙由 4 个基本单元组成，即入口门楼 (Gopuram)、南迪神殿、前殿和主殿，4 个单元从东向西排列在一条中轴线上，两侧的崖壁内还开凿有配殿或回廊。神庙东侧的入口门楼是一座长方形的 2 层门楼，入口的门洞很小，穿越门楼后才豁然开朗。南迪神殿是一座 2 层的方形楼阁，南迪 (Nandi) 是湿婆的公牛坐骑，南迪神殿两侧各有一个独块巨石的幢柱 (dhvajastambha)，石幢柱高约 18.3m，石幢上雕饰花纹，2 个幢柱的前侧各立着 1 头石雕大象。神庙前殿是由 16 根方形列柱支撑的平顶会堂，屋顶上雄踞着 4 只圆雕雄狮，前殿的南、北和东侧各有 1 个方形门廊。凯拉萨神庙主殿与前殿相连，主殿较小，主殿平面亦呈方形，从前殿进入主殿须经过一个过厅，主殿是供奉湿婆的圣所，象征湿婆的石雕为林伽和优尼的组合，主殿上方是印度教的南式高塔，南式高塔为带有八角盔帽形的 4 层阶梯状锥形悉卡罗，主殿高达 29.3m，雕刻精细。主殿的南、北和西侧共有 5 个小型的附属神殿，小神殿簇拥着主殿，气势雄伟。凯拉萨神庙的建筑布局有明显的东西向主轴线，神庙主体部分的布局沿着主轴线严格对称，两侧向岩石内开挖的配殿则根据地形和岩石的地质状况因地制宜。凯拉萨神庙空间丰富，形体虚实结合，有许多微妙的细部处理，即使是由石块砌筑出来的此类神庙也会令人赞叹，而凯拉萨神庙全部是从岩石中垂直开凿而成，真是鬼斧神工。

凯拉萨神庙有不少著名的浮雕，神话故事《贾塔优奋战罗婆那》(Jatayu Fighting Ravana) 是一组高浮雕，表现秃鹰之王贾塔优 (Jatayu) 与化身为美男的魔王奋战的故事，浮雕表现出强烈的动感。凯拉萨神庙开凿于公元 757—790 年，历时 33 年，据说开凿时共挖走岩石 20 万 t，为了保证神庙细部的精确，一錾一凿都不容差错。凯拉萨神庙气势雄伟，犹如天造地设的自然奇观，被誉为“石窟艺术的顶峰”，“印度建筑最奇异的狂想”。

3.3 阿达拉杰阶梯水井：精细雕刻的地下神庙

Adalaj Stepwell: An underground Temple with Intricate Carvings

“水”对人类生活的重要意义尽人皆知，印度人民对“水”的认知似乎超过其他民族。印度教信仰多神，把自然界存在的现象都视为神灵，“水”是最重要的神灵之一。位于艾哈迈达巴德北面 18km 的阿达拉杰水井 (Adalaj vav) 充分表达了印度人民对“水”的认知，精雕细刻的水井犹如地下神庙。

艾哈迈达巴德的阿达拉杰水井是一座阶梯式水井 (Step Well)，水井是一座埋在地下的 5 层石刻结构，水井的建筑平面呈十字形，井深约 20m，人们可以从东、西、南 3 个方向经大台阶进入水井，走下水井的台阶宽 10m，坡度较缓，从地面向下首先到达一个八角形的平台大厅，然后再向下经过 3 个休息平台，最终达到水井口。阿达拉杰水井有 2 个井口，一个是台阶式的方形井口，另一个是圆形井口，台阶式方形井口可以方便人们直接到井口边取水，圆形井口需要人们在地面上垂直提取井水，圆形井口与我国农村过去的打井取水的方式相似。在台阶式方形井口的南、北两侧各设一处螺旋形楼梯，有利安全疏散，设计构思相当周全。

阿达拉杰水井的石构梁柱体系将功能、坚固与艺术完美结合，梁柱体系不仅解决了井壁的支撑问题也解决了水井的覆盖问题，梁柱和井壁均精雕细刻，仿佛一座豪华殿堂。阿达拉杰水井建在印度古代商道路边，不仅可为附近居民供水，也为往来商旅提供饮水、休憩和乘凉的环境。阿达拉杰水井建成于 1499 年，由一位拉杰普特土邦王国的王后 Rudabai 所建，据说建井过程还有一段感人的悲情故事。[23]

印度还有另一种取水方式，名为台阶式水池 (Kund or Stepped Ponds)，古吉拉特邦的莫德拉 (Modhera) 太阳神庙水池便是这样的实例。莫德拉水池布置在太阳庙前面，建于 1026 年，是神庙的重要组成部分，不仅具有储水功能，也为信徒进入神庙前沐浴净身的宗教礼仪提供条件。莫德拉水池台阶上的雕刻非常精彩，与阿达拉杰水井异曲同工，印度的阶梯式水井和台阶式水池大多集中在古吉拉特邦和拉贾斯坦邦。

㉓ 相传 15 世纪，在一次战争中，苏丹国王贝加哈拉（Beghara）杀了土邦王国的国王辛格（Vheer Singh），苏丹国王并不满足于占据领土，还想占据土邦国王的妻子鲁达巴伊（Rudabai）王后，王后提出条件：要求苏丹国王答应她建造一座台阶式水井纪念她已故的丈夫，苏丹国王答应了她的条件，王后用了 20 年时间才建成水井，当苏丹国王迫不及待地要与她结婚时，王后却跳进水井，自杀身亡，也有的文章认为鲁达巴伊仅仅是苏丹国王的一位印度王后。

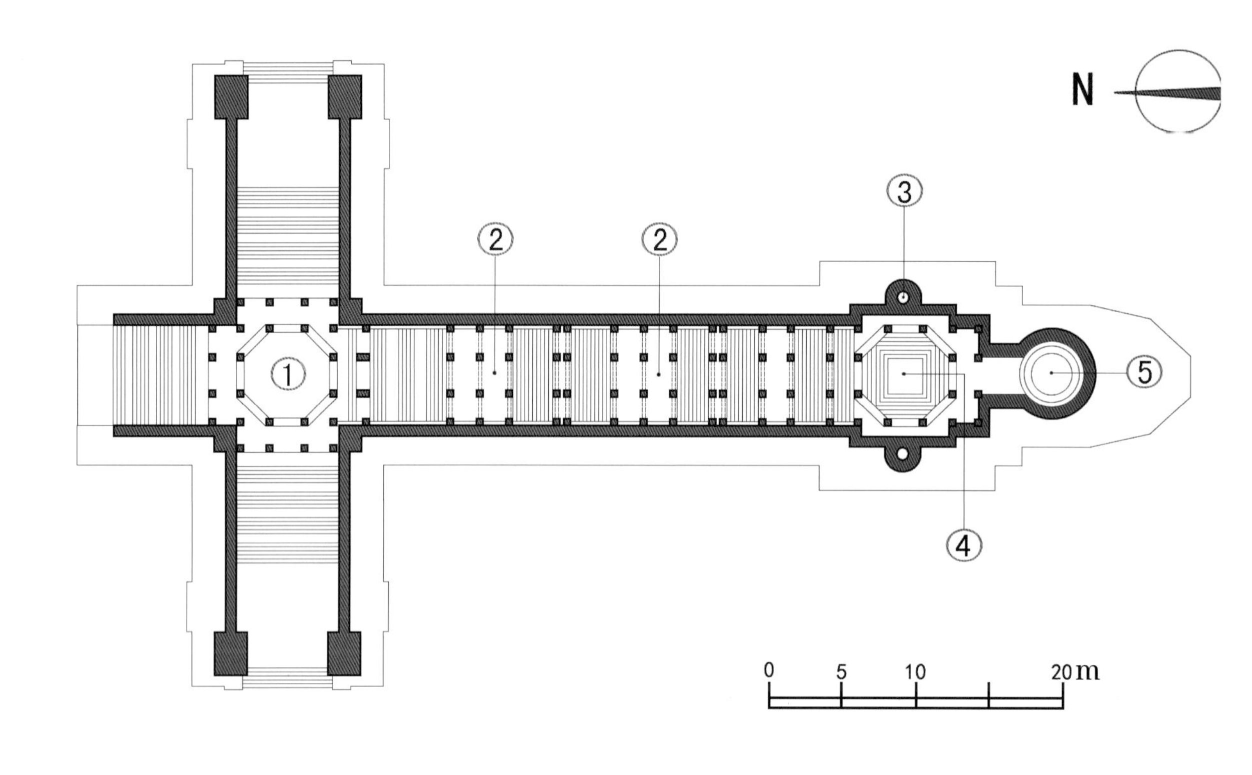

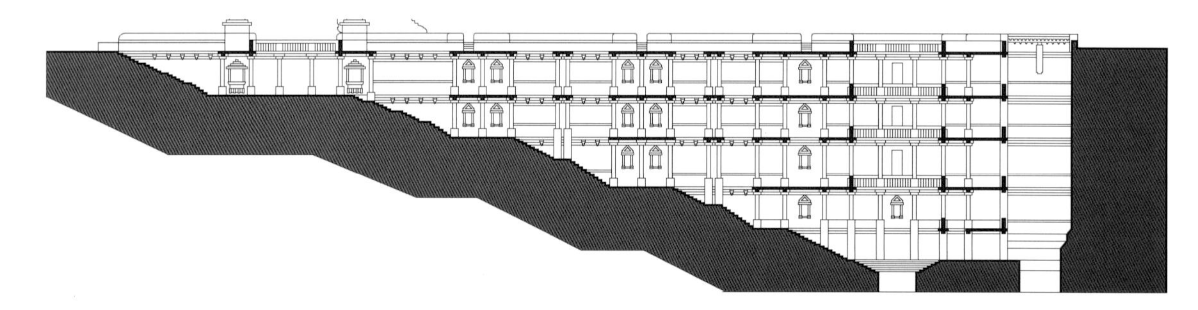

3-54 阿达拉吉水井平面

1- 水井大厅；2- 休息平台；3- 螺旋楼梯；4- 台阶式井口；5- 圆形井口

3-55 阿达拉吉水井剖面

3-56 阿达拉吉水井在地面上的透视

3-57	3-58
3-59	3-60
	3-61

3-57 阿达拉吉台阶式水井上方的井口
3-58 阿达拉吉水井地面上的排水措施
3-59 通向阿达拉吉水井大台阶
3-60 通向阿达拉吉水井的螺旋楼梯入口
3-61 走下阿达拉吉水井的印度妇女

3-62	3-63	3-64
3-65		

3-62 俯视阿达拉吉水井的圆形井口

3-63 从阿达拉吉台阶式水井的井口一侧回望

3-64 从井下仰望阿达拉吉水井的圆形井口

3-65 阿达拉吉水井内部空间透视

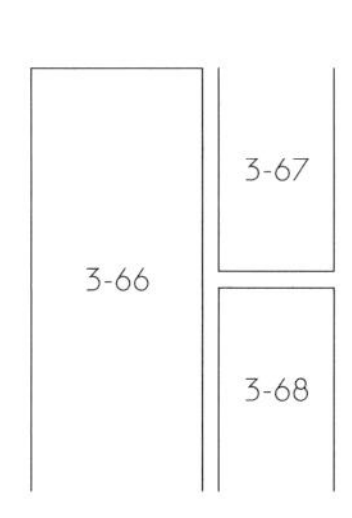

3-66 阿达拉吉水井内部结构及石雕

3-67 阿达拉吉水井的石柱与井壁的石雕

3-68 阿达拉吉水井石柱具有印度教特色的柱头

3-69 阿达拉吉水井精细雕刻的工艺

3-70

3-71

3-70 阿达拉吉水井休息平台的墙壁雕刻

3-71 阿达拉吉水井井口的精细雕刻

3-72

3-73

3-72 阿达拉吉水井的石雕壁龛

3-73 莫德拉太阳神庙的台阶式水池

4 拉杰普特王国的城堡与王宫

Forts and Palaces of Rajput Kingdom

4.1 奥尔恰古堡：拉杰普特建筑的典范

Fort of Orchha: A good example of Rajput architecture

奥尔恰 (Orchha) 位于印度中部贝德瓦河 (Betwa River) 中的一个岛上，曾经是拉杰普特土邦王国本德尔康德 (Bundelkhand) 的首都。本德拉王朝 (Bundela dynasty) 创建于 11 世纪，1531 年将首都迁至奥尔恰，1577 年本德尔康德被莫卧儿王朝打败，但奥尔恰仍然被拉杰普特的藩王统治，并与莫卧儿王朝的国王贾汉吉尔保持良好的关系，奥尔恰在 17 世纪得到较大的发展。

奥尔恰古堡内有 1 座神庙和 4 座宫殿，形成一组建筑群，并保留了大片空地，古堡外围有高大的城墙，具有很强的防御能力，奥尔恰古堡是拉杰普特建筑 (Rajput Architecture) 的典范。奥尔恰古堡首先建成的是罗耆神庙 (Ramji Mandir)，罗耆神庙平面为正方形，规模较小，神庙北侧还有附属的居住建筑，已遭受较多的破坏。奥尔恰古堡内建成的第一座宫殿称拉杰宫 (Raja Mahal)，拉杰宫建于 1531—1539 年，此后进行过较大的修改，拉杰宫靠近古堡的入口。奥尔恰古堡内建成的第二座宫殿是贾汉吉尔宫（Jahangir Mahal），贾汉吉尔宫在奥尔恰古堡的中部，由奥尔恰国王维·辛格 (Vir Singh) 建造。贾汉吉尔宫是奥尔恰古堡中最大的一座宫殿，为了接待莫卧儿王朝的国王贾汉吉尔，宫殿以贾汉吉尔命名，据说贾汉吉尔只在宫中住了一天。贾汉吉尔宫西侧有一幢较小的宫殿，宫殿的名称为悉沙宫 (Shish Mahal)，悉沙宫颇有特色，现在已改建成旅馆，进行商业活动，此外，贾汉吉尔宫北侧还有一幢拉普维拉宫 (Rai Parveen Mahal)，规模不大，破坏较多。

奥尔恰古堡的贾汉吉尔宫是一座平面为正方形的大宫殿，宫殿建在高台上，宫殿四角有圆形塔楼，宫殿外观为 5 层，下面 3 层几乎没有开窗，进入宫殿的台阶和入口都很狭窄，显示宫殿具有较强的防御功能。奥尔恰古堡与众不同之处在于不仅古堡外围具有强大的防御能力，古堡内的每座宫殿也具有较强的防御能力，这种建筑特色明显反映出拉杰普特土邦王国在中世纪的政治地位，他们虽然臣服于莫卧儿王朝，却又保持相对独立，既怕被穆斯林完全吞并，也怕被其他拉杰普特土邦攻击。

贾汉吉尔宫体形雄伟，4 个立面风格一致，主立面在西侧，有明显的中轴线，4 个立面的中部和建筑物的四角均有高出屋面的穹顶塔楼，塔楼穹顶的四周还有高低错落的凉亭衬托，穹顶角楼之间有视觉通透的敞廊，天际线非常丰富。贾汉吉尔宫西立面的中间部分局部向外突出，加强了中轴线的作用，第四层还有一道水平方向的封闭挑廊，挑廊在中间突出部分被断开，从而更加强调了中轴线的地位，由于建筑物下面 3 层的四周很少开窗，四角的塔楼又微微向内侧倾斜，视觉上加强了建筑造型的稳固性，为居住在宫内的人增添了安全感。

贾汉吉尔宫中央有一个很大的正方形内院，内院的标高相当于宫殿二层的屋顶，内院中央是一个下沉式正方形水池，水池四角又各有一个八角形小水池，水池四边各有一条座凳，水池的布局严格地按 XY 两个轴线对称，足见奥尔恰国王对“水”的重视。贾汉吉尔宫内院四周的建筑自上而下呈退台式向中央内院逐步跌落，并且在各层均另设小内院，形成有特色的“院中院”，“院中院”不仅有利贾汉吉尔宫的通风和采光，也增加了私密性的户外活动空间。贾汉吉尔宫屋顶四周的敞廊不仅丰富了建筑造型，也增加了宫殿内的人际交往空间。贾汉吉尔宫是一座生活舒适、设施完善的“城中城”。

“凉亭”或称查特里斯 (Chhatris) 是拉杰普特建筑最重要的标志，贾汉吉尔宫不仅顶层有凉亭，向内跌落的各层屋顶均有凉亭，凉亭既有纪念意义也有实用价值，大小凉亭的有机组合成为奥尔恰古堡建筑艺术的重要特征。[24] 贾汉吉尔宫的建筑处理有很多地方令人回味，虽然内院中央水池布局严格对称，水池旁的室外楼梯设计却很自由，印度教的小神庙也偏在一侧，建筑内外侧均有挑廊，挑廊的设计不拘一格。

奥尔恰古堡的拉杰宫规模比贾汉吉尔宫略小，建筑风格简洁，拉杰宫有东、西两个内院，东侧内院为矩形，西侧内院为正方形。东侧是国王办公的地方，正面建筑有 3 层，正面的门廊为三开间的柱廊，首层是觐见殿 (Durbar-e-Khas or Durbar Hall)，两侧的配殿为 2 层，配殿的拱廊相当壮观，觐见殿保卫森严，仔细观察会发现隐蔽的射击孔。西侧内院是王室的寝宫，王室寝宫为 5 层建筑，顶层上的凉亭排列整齐，从凉亭的布置可以看到拉杰宫的建筑风格与贾汉吉尔宫的风格有明显区别。拉杰宫室内的壁画保存完好，壁画制作于 18 世纪，充分表达了当时的王室生活，也体现了拉杰普特人对印度教的信仰。拉杰宫很重视宫殿内的给排水设施，内院中的排水沟很有特色。

奥尔恰古堡内有多处印度教神庙，古堡内首先建造的便是罗耆神庙，古堡入口外面有一座小神龛。贾汉吉尔宫西侧广场有一座正方形的、规模不大的湿婆神庙，神庙四面开敞，庙内供奉象征湿婆大神的林伽与优尼的组合。贾汉吉尔宫正方形内

㉔ 拉杰普特凉亭的印度语为查特里斯 (Chhatris)。凉亭由 4 根柱子支撑 1 个穹顶，最初是作为纪念性建筑，例如纪念某一次战争的胜利或统治者的丰功伟绩，凉亭的实用价值也很明显，例如乘凉、观景等。拉杰普特凉亭也被莫卧儿王朝的宫殿采用，成为印度古典建筑的标志。

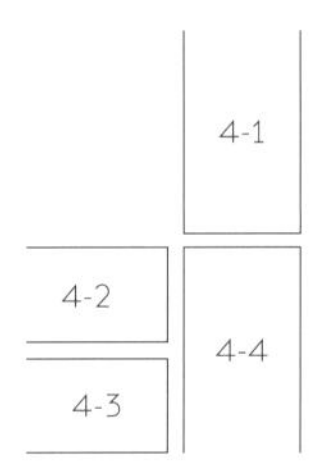

4-1 奥尔恰古堡总平面示意

1- 罗者神庙；2- 拉杰宫；3- 贾汉吉尔宫；4- 悉沙宫；5- 拉普维拉宫；6- 查图尔布贾（Chaturbhuja）神庙；7- 拉姆（Ram）神庙

4-2 通向奥尔恰古堡的桥

4-3 奥尔恰古堡主入口旁的印度教神龛

4-4 奥尔恰古堡主入口的防御性大门

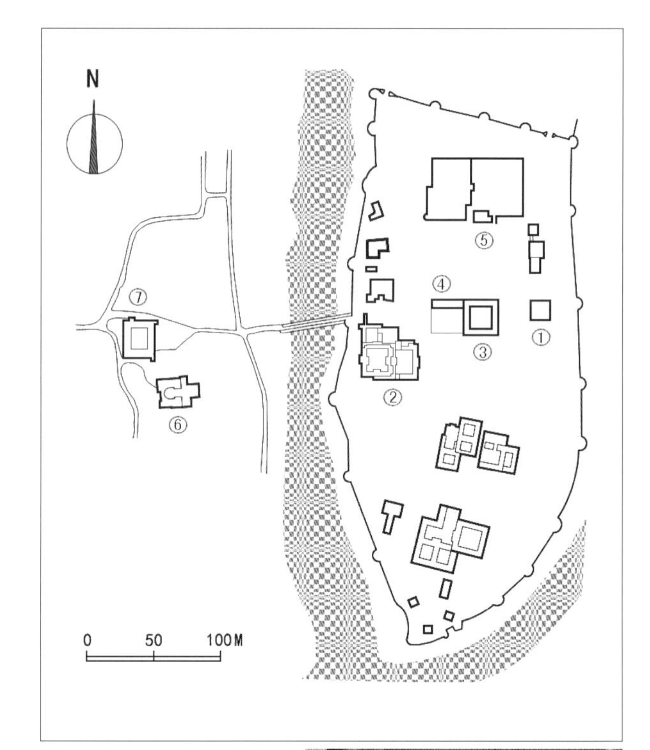

4-5 奥尔恰古堡的贾汉吉尔宫西立面

4-6 奥尔恰古堡贾汉吉尔宫内院对称中有变化的南立面

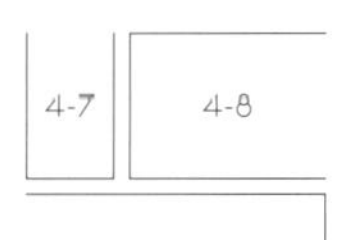

4-7 从贾汉吉尔宫廊环俯视内院

4-8 贾汉吉尔宫内院水池的对称布局

4-9 俯视贾汉吉尔宫内院的室外楼梯与神龛

4-10 贾汉吉尔宫内院四周建筑自上而下的变化

4-11	4-12
4-13	4-14

4-11 俯视贾汉吉尔宫内院四周建筑的“院中院”

4-12 贾汉吉尔宫内院四周建筑的体形组合

4-13 贾汉吉尔宫内院四周建筑的空间组合

4-14 贾汉吉尔宫顶层的空间变化

4-16

4-15 4-17

4-18

4-15 贾汉吉尔宫有代表性的“院中院”

4-16 贾汉吉尔宫“院中院”外侧的连廊

4-17 俯视贾汉吉尔宫内院连接挑台的室外楼梯

4-18 贾汉吉尔宫“院中院”入口的对景

4-19 贾汉吉尔宫室外楼梯与丰富的体形组合

4-20	4-23
4-21	4-24
	4-25
4-22	

4-20 贾汉吉尔宫西侧局部出挑的外廊

4-21 贾汉吉尔宫南侧出挑的阳台

4-22 从贾汉吉尔宫内院环廊望对面

4-23 贾汉吉尔宫内院的观景外廊

4-24 贾汉吉尔宫内院环廊的对景

4-25 贾汉吉尔宫实墙面的装饰性“盲窗”

4-26 贾汉吉尔宫穹顶、阳台与凉亭的组合

4-27	4-28	4-29
4-30		4-31

4-27 贾汉吉尔宫穹项上的装饰

4-28 贾汉吉尔宫支撑石板挑檐的象形牛腿

4-29 贾汉吉尔宫外廊转角处廊内的视觉效果

4-30 贾汉吉尔宫阳台拦板的顶部处理

4-31 贾汉吉尔宫有规律的花格窗

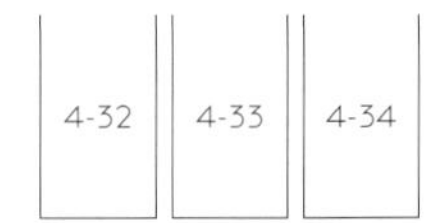

4-32 贾汉吉尔宫虚实对比的花格窗
4-33 贾汉吉尔宫花格窗的顶部变化
4-34 贾汉吉尔宫花格窗的顶部透空
4-35 远望奥尔恰古堡的拉杰宫

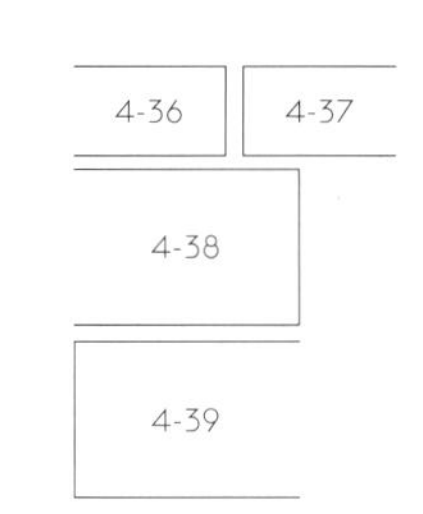

4-36 拉杰宫西院严格对称的南立面

4-37 俯视拉杰宫西院对称的布局

4-38 拉杰宫东侧内院不对称的布局

4-39 拉杰宫东侧内院地面排水

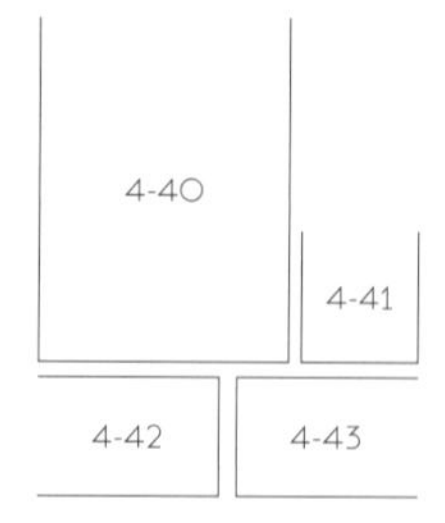

4-40 拉杰宫东院空间的细部变化

4-41 拉杰宫东院内的辅助建筑

4-42 拉杰宫东院建筑入口旁的射击孔

4-43 拉杰宫内院主体建筑透视

4-44 俯视拉杰宫西院的屋顶平台

4-45 拉杰宫顶层规律的凉亭

4-46 拉杰宫西院凉亭与楼梯的组合

4-47 拉杰宫西院凉亭的简洁造型

4-48 以贾汉吉尔宫为背景的拉杰宫屋顶女儿墙

4-49 拉杰宫外廊的装饰性壁画

4-50 拉杰宫西院室内描绘印度教祭祀仪式的壁画

4-51 拉杰宫西院室内描绘印度教神话的壁画

4-52 4-53
4-54
4-55

4-52 拉杰宫西院人物对称布局的装饰性壁画

4-53 拉杰宫的透空窗花组合

4-54 俯视奥尔恰古堡的罗耆神庙

4-55 沿贝德瓦河南岸的奥尔恰纪念性塔群

4-56 4-57
4-58 4-59
4-60

4-56 奥尔恰纪念本德拉历代国王功绩的纪念塔

4-57 奥尔恰纪念塔的典型代表

4-58 奥尔恰纪念塔群间的绿地

4-59 奥尔恰纪念塔入口

4-60 仰视奥尔恰纪念塔室内

院中还有一座小神庙，小神庙偏在中轴线的一侧，在建筑构图中起着重要的作用。

在奥尔恰古堡外沿贝德瓦河南岸有一组纪念性塔群 (Group of Cenotaphs)，共有 14 座纪念塔，建造纪念塔是为了纪念本德拉历代国王 (Bundela Kings) 及其家族的功绩。纪念塔底座的平面为方形，上部收分，造型与印度神庙相似，这种形式被称为潘恰坦风格 (Panchaytan Style)，纪念性塔群占地很大，长约 25km，宽约 15km，是拉杰普特独特的建筑形式。

4.2 安伯城堡：拉杰普特与伊斯兰混合风格建成的城堡式王宫

Amber Fort: A Fort-Palacc of Rajupt-Islam Blended Style

安伯城堡 (Amber Fort or Amer Fort) 位于印度北部的拉贾斯坦邦，距斋浦尔 11km，安伯 (Amber or Amer) 是一个仅有 $4km^2$ 的小镇。公元 12 世纪，拉杰普特的卡恰瓦哈 (Kacchwaha) 土邦以安伯为都城建立王国。公元 1600—1727 年，卡恰瓦哈国王拉贾·曼·辛格 (Raja Man Singh) 在安伯建造了城堡式新王宫，同时在城堡附近建造了几座印度教神庙和纪念性凉亭。据说安伯城堡由不同颜色的砂岩和大理石砌筑，有人认为远看像琥珀，旅游资料便通俗地称之为琥珀城堡，这种称呼似乎不妥。[25] 安伯城堡地势险要，城堡的城墙周长约 40km，城堡内有多幢不同时期建造的宫殿，建筑布局没有严格的轴线控制，依山就势，层层叠叠，极为壮观，是拉杰普特风格与伊斯兰风格互相融合的建筑群。

沿着通向安伯城堡东侧的坡道首先从太阳门 (Suraj Pol) 进入城堡北侧宽阔的前院 (Jaleb Chowk)，前院是昔日练兵的场地，由卫兵把守，四周是办公用房和马厩。从前院的西南角登上雄伟的大台阶，通过狮子门 (Singh Pol) 转入安伯城堡的第一道内院。觐见殿 (Diwan-i Amm) 布置在第一道内院的东北角，三面开敞，内、外柱的颜色不同，外柱的颜色为红色，内柱为米黄色，柱头的牛腿为象鼻形状。在

㉕ Amber 在印度语中有天堂的含义，amber 在英语中是琥珀的含义，琥珀城堡疑为英国统治时期的释名，有人认为安伯城堡远观如琥珀似乎并不确切，因为从外观上很难把城堡与琥珀相比，也有资料提出 Amber 与印度女神 Amba 有关，因此，将 Amber Fort 译为安伯城堡较妥。

觐见殿南侧的柱廊内可观赏城堡的外景，觐见殿南侧的柱廊很有特色，柱廊内的装修图案非常典雅。从第一道内院经南侧王宫的伽内沙门 (Ganesh Pol) 曲折地进入第二道内院，伽内沙门的装修和顶部的门楼富丽堂皇。根据印度教的传说，伽内沙 (Ganesh) 是印度教主神之一的湿婆和雪山神女帕尔瓦蒂 (Parvati) 的儿子，帕尔瓦蒂是湿婆的神妃，伽内沙是印度排除生活障碍的神灵，一位可爱的象头神，伽内沙的画像高悬在伽内沙门的上方。

第二道内院是国王和王后休息的地方，第二道内院由王宫、幸福宫和镜宫三面围合，内院中部布置几何形状的花坛和水池，是典型的莫卧儿式花园。幸福宫 (Sukh Nivas) 和镜宫 (Jai Mandir or Sheesh Mahal) 布置在花园的两侧，幸福宫是国王的寝宫，镜宫是王后的寝宫。在安伯城堡王宫中布置莫卧儿式花园是将伊斯兰建筑模式融入拉杰普特建筑的重要标志，这一点与奥尔恰古堡有明显的区别。镜宫是城堡中引人关注的地方，镜宫室内墙面上有无数面小镜子，阳光照射下，流光溢彩，熠熠生辉，日落后，室内只需燃起一支蜡烛，四周便光芒闪烁，堪称奇观。镜宫基座上的大理石浮雕非常精细，有一幅蓝色图案围着一簇白色鲜花的大理石浮雕引人注目，鲜花的上方有两只蝴蝶，栩栩如生，幸福宫的外观全部为白色，非常典雅。

由第二道内院向西南延伸便是王室的后宫，也是安伯城堡早期建造的宫殿，称为曼·辛格一世宫 (Palace of Man Singh I)。后宫有很大的内院，内院正中是一个四面开敞的正方形殿堂，正方形殿堂是后宫人员聚会的场所。内院四周是 2 层的王室人员寝宫，寝宫的布局很有特点，规律的布局中有微妙的变化，多数寝宫为 2 层，设置室外楼梯并且带有一个小院，有些小院为退台式，大部分小院之间可互相连通，少部分寝宫私密性很强，进出的通道如“迷宫”。安伯王宫的后宫仍然保持着拉杰普特的建筑风格，处理手法与奥尔恰古堡有许多近似之处。

安伯城堡内设有 3 个地下水池，收集雨水，作为生活用水的补充，3 个地下水池分别设在前院、第一道内院和以曼·辛格一世命名的后宫，可见当时的王宫很注意节约能源。

安伯城堡东侧的毛塔湖 (Maota Lake) 中有一个正方形的台地花园，台地花园也是典型的莫卧儿式花园，从城堡上看到的台地花园犹如绿色的波斯地毯，甚为壮观，难得卡恰瓦哈国王竟有如此妙想。

安伯城堡附近有铁矿和水源，1726 年，萨瓦伊·杰伊·辛格二世 (Sawai Jai Singh Ⅱ，1699—1744 年) 在安伯城堡西南方向高地上修建了具有战略意义的斋加城堡 (Jaigar Fort), 斋加城堡成为莫卧儿王朝的火炮铸造厂，由于城堡建在最高处，有利排烟。斋加城堡与安伯城堡以地下通道连接。

4-61

4-62

4-61 远望安伯城堡

4-62 安伯城堡透视

4-63

4-64

4-63 俯视安伯城堡全景

4-64 俯视登上安伯城堡的曲折山路

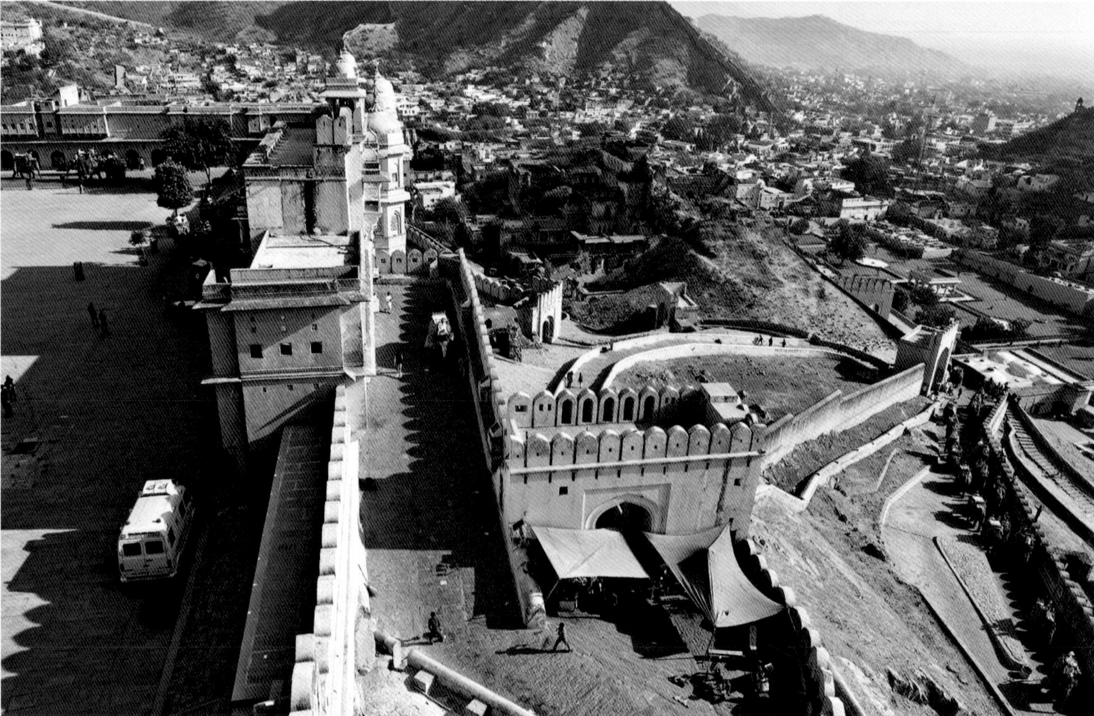

4-65

4-66

4-67

4-65 从安伯城堡上俯视远处的安伯村

4-66 安伯城堡昔日练兵的前院，右侧为太阳门

4-67 俯视登上安伯城堡的大象队伍

4-68 4-69 4-70 4-71 4-72

4-68 安伯城堡狮子门入口与门旁的通道

4-69 安伯城堡狮子门内的更衣小室

4-70 从安伯城堡前院望山顶上的斋加城堡

4-71 安伯城堡前院的狮子门入口

4-72 从安伯城堡第二道内院望狮子门

4-73 安伯城堡第二道内院中的觐见殿

4-74 安伯城堡觐见殿内外柱的颜色不同

4-75 从安伯城堡觐见殿前望第二道内院东侧的柱廊

4-76 安伯城堡觐见殿旁通透的柱廊

4-77

4-78

4-77 安伯城堡第二道内院东侧柱廊内典雅的装修图案

4-78 安伯城堡第二道内院透视，右侧为觐见殿，左侧为伽内沙门

4-79 | 4-81
4-80

4-79 安伯城堡第二道内院的王宫伽内沙门透视

4-80 安伯城堡王宫伽内沙门顶部门楼

4-81 安伯城堡伽内沙门入口立面

4-82 安伯城堡伽内沙门入口上方有象头神的彩色图案

4-83	4-84
4-85	4-87
4-86	

4-83 安伯城堡伽内沙门内的空间变化

4-84 安伯城堡伽内沙门内的小厅

4-85 安伯城堡第三道内院中的镜宫透视

4-86 安伯城堡镜宫的室内装修

4-87 安伯城堡镜宫基座上鲜花与蝴蝶的浮雕

4-88 俯视安伯城堡镜宫和幸福宫之间的莫卧儿式花园

4-89	4-91
4-90	
4-92	
4-93	

4-89 安伯城堡第三道内院中的幸福宫透视

4-90 安伯城堡幸福宫与花园的轴线关系

4-91 安伯城堡幸福宫的门廊与墙架

4-92 安伯城堡幸福宫典雅的室内装修

4-93 从安伯城堡第三道内院的花园望伽内沙门的门楼

4-94	4-95
4-96	
4-97	

4-94 从安伯城堡屋顶上望伽内沙门的门楼

4-95 安伯城堡后宫内院中心的正方形殿堂

4-96 安伯城堡后宫内院正方形殿堂室内透视

4-97 俯视安伯城堡后宫内院

4-98 安伯城堡后宫内院的寝宫、小院与塔楼

4-99	4-100
4-101	4-102

4-99 安伯城堡后宫四周寝宫的典型布局

4-100 透视安伯城堡后宫的寝宫和小院

4-101 安伯城堡后宫内的楼梯、围墙与小门

4-102 安伯城堡后宫的空间分割

4-103	4-104	4-105
4-106		4-107

4-103 安伯城堡后宫小院的对景

4-104 安伯城堡后宫的寝宫入口与小塔楼

4-105 俯视安伯城堡后宫复杂的空间分割

4-106 安伯城堡后宫小院的体形变化

4-107 俯视安伯城堡后宫曲折的空间与小院

4-108 4-109 4-110
4-111 4-112 4-113

4-108 安伯城堡后宫贯通的小院与小门

4-109 俯视安伯城堡后宫一组较大的寝宫

4-110 安伯城堡后宫尽端的建筑

4-111 安伯城堡后宫室内简单的装修

4-112 安伯城堡后宫室内顶部装修

4-113 安伯城堡后宫立面片断

4-114

4-115

4-114 安伯城堡后宫退台式内院与亭廊组合

4-115 安伯城堡后宫内院转角处的凉亭与挑廊

4-116 安伯城堡后宫檐部石雕

4-117 后宫内地下贮水池的开口

4-118 安伯城堡后宫顶层女儿墙与观景亭

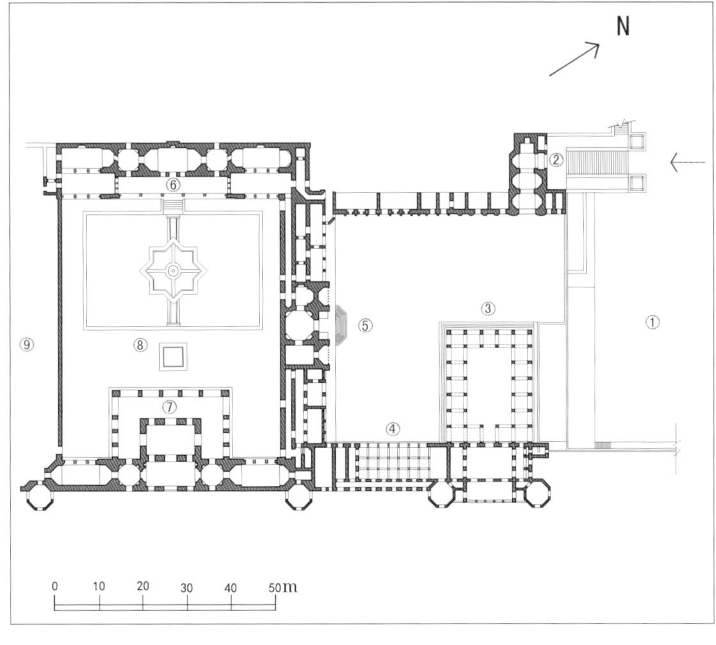

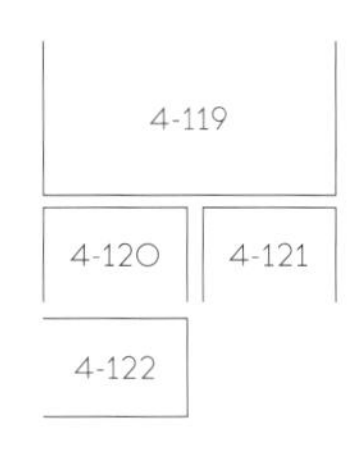

4-119 俯视安伯城堡东侧毛塔湖中的正方形台地花园

4-120 安伯城堡东侧的附属建筑

4-121 安伯城堡山顶上的斋加城堡

4-122 安伯城堡第二道内院与第三道内院的平面布局

1- 练兵的前院；2- 狮子门；3- 觐见殿；4- 柱廊；5- 王宫正中的伽内沙门；6- 幸福宫；7- 镜宫；8- 莫卧儿式花园；9- 后宫

4.3 斋浦尔与城市王宫：粉红色的城市

Jaipur and Its City Palace: The Pink City

安伯城堡的统治者萨瓦伊·杰伊·辛格二世考虑到安伯城堡四周没有发展的空间，便在斋浦尔 (Jaipur) 建立了一座新的城市 (1729—1732 年)，新城在安伯城堡南侧 11km，城市的场地原来是王室打猎的地方。[26] 斋浦尔的城市规划完全依据印度的传统建筑理论曼荼罗，斋浦尔城市王宫 (City Palace of Jaipur) 在城市的中心偏北，城市的南北向中轴线为北偏东约 12° ，城市东侧是安伯城堡，城市西北方向是纳哈加尔城堡 (Nahargar Fort)，两个城堡居高临下，守卫着新建的城市。城市的东西向主干道布置在王宫的南例，东端是太阳门 (Suraj Pol)，西端是月亮门 (Chand Pol)，全城有坚固的城墙保护，城墙高 6m、厚 3m，共有 7 个城门，城市街道按棋盘式布局，街道互相垂直，城市分为 9 个街区，王宫占据 2 个街区。

斋浦尔王宫是城市的核心，王宫的南门称为 Tripolia Pol，作为纪念性的城门，王宫经常出入的是东门 (Sireha Deodhi)，从东门进入王宫的前院 (Jalebi Chowk)，前院由卫兵把守，19 世纪以后，前院四周的建筑成为市政办公的地方。从前院南侧经维兰达门 (Virendra Pole) 可以进入王宫第一道内院，第一道内院中间是 2 层的吉祥宫 (Mubarak Mahal)，吉祥宫建于 19 世纪末，是王室用于接待来访者的宫殿，现在成为美术馆。吉祥宫风格轻巧，建筑材料以白色大理石为主，雕刻精细。穿越第一个内院北侧的罗堵因陀罗门 (Rajendra Pol) 进入第二道内院，第二道内院的中央是枢密殿，枢密殿最初曾作为觐见殿，枢密殿建在高台上，四角各有一个房间，中部开敞，四面通透，进入枢密殿不仅有大台阶而且有坡道。枢密殿及其四周的建筑以粉红色作为基调，白色细线作为装饰。枢密殿东侧是觐见殿，觐见殿是后来扩建的，来访者进入觐见殿要先进入觐见殿北侧较小的前院，觐见殿前院再度以淡黄色作为基调，觐见殿的大厅相当豪华，现在是博物馆。

穿过枢密殿西侧王宫的伽内沙门可进入后宫内院，从王宫伽内沙门进入后宫

㉖ 萨瓦伊·杰伊·辛格二世（Sawai Jai Singh II, 1699—1744 年），也是莫卧尔王朝最重要的庭臣，他不仅是那个年代伟大的政治家、武士、梵文和波斯文学者，还是伟大的天文学家和建筑师，斋浦尔就是在他的规划下修建起来的，斋浦尔是全印度最美的城市之一。萨瓦伊·杰伊·辛格二世名字中的萨瓦伊 (Sawai) 是莫卧尔王朝皇帝授予他的头衔，意为“才智”，世代承袭。

内院有 2 个出口，北侧的出口称为孔雀门 (Pea-cock Gate)，孔雀门上有彩绘精良的孔雀开屏图案，是后宫内院的亮点。后宫的建筑色调虽然以淡黄色为主，但是明显地增加了粉红色装修，同时也增加了以孔雀门为代表的彩色装饰，富丽堂皇。后宫内院的北侧是 7 层的月亮宫 (Chandra Mahal)，月亮宫是王室人员居住的地方，也是王宫内最早建造的宫殿。月亮宫顶层悬挂着王室的旗帜，说明王室后裔仍然住在那里。月亮宫各层均有不同的名称，第五层有 3 套装饰镜面的房间。月亮宫各层均有出挑的阳台，顶层中央是白色大理石的五开间穹顶凉亭。从月亮宫向北延伸是王宫的花园，花园是典型的莫卧儿式，规则的平台和南北向的中轴线水渠，花园的中心是神庙，王宫的厨房和辅助用房布置在王宫西侧。

斋浦尔的简塔·曼塔天文台 (Jantar Mantar) 建在吉祥宫南侧，是杰伊·辛格二世的私人观象场所。天文台建于 1727—1734 年，靠近王宫，相对独立管理。天文台包括 20 多个固定装置构成的天文观测设备，可以用肉眼量测时间，预报日蚀和月蚀，追踪星球轨迹，测量磁偏角，确定天体纬度等，天文台的设备在许多方面有着自身的特点，是印度最重要、最全面、保存最完好的古天文台，它们是已知天文观测装置中的不朽杰作，不仅展现了印度莫卧儿时代对宇宙的认知，也显示了印度古代科学技术的发展。2010 年简塔·曼塔天文台被联合国教科文组织列入世界遗产名录。

斋浦尔的和风宫 (Hawa Mahal) 在王宫的东南角，建于 1799 年，高 5 层，红砂石砌筑。和风宫有 950 个观景的窗孔，此处夏季和风凉爽，因而得名。和风宫是王室后宫的延伸，王室的女眷们在和风宫内可以观察城市的商业街和市民的日常生活，却不会被外人看到。和风宫虽然规模不大但空间丰富，虽有明显的中轴线却不严格对称，5 层高的红色和风宫临街建造，造型新颖，成为斋浦尔最重要的地标。

和印度的其他古城不同，斋浦尔有着良好的城市规划和宽阔、笔直的大街，规划斋浦尔的建筑师是来自孟加拉 (Bengal) 的 Vidvadhar Bhattacharva，全部规划由辛格二世亲自指导。斋浦尔经过 3 次有计划的发展，既保留了古城也发展了新城。斋浦尔城的粉红色基调是在 1876 年欢迎威尔士王子 (Prince Wales) 来访时确定的，威尔士王子后来成为爱德华七世国王 (King Edward Ⅶ)。为了迎接威尔士王子，当时的国王萨瓦伊·罗姆·辛格 (Sawai Ram Singh) 下令将城中所有房子临街的一面不仅粉刷一新而且颜色统一，当时有几种颜色可供选择，最后国王还是选择了粉红色，在拉杰普特人的色彩语言中，粉红代表着好客，此外，粉红色和德里的红堡也靠近一些，至今，还保留着面街房屋必须定期粉刷的法律规定。斋浦尔的城市和王宫虽然也继承了拉杰普特建筑和伊斯兰建筑的传统，但是斋浦尔的革新精神更值得关注，宽阔的城市大道和沿街的城市景观体现了 18 世纪工业革命的需求，和风宫独特的造型在世界建筑史中也是难得一见的范例。

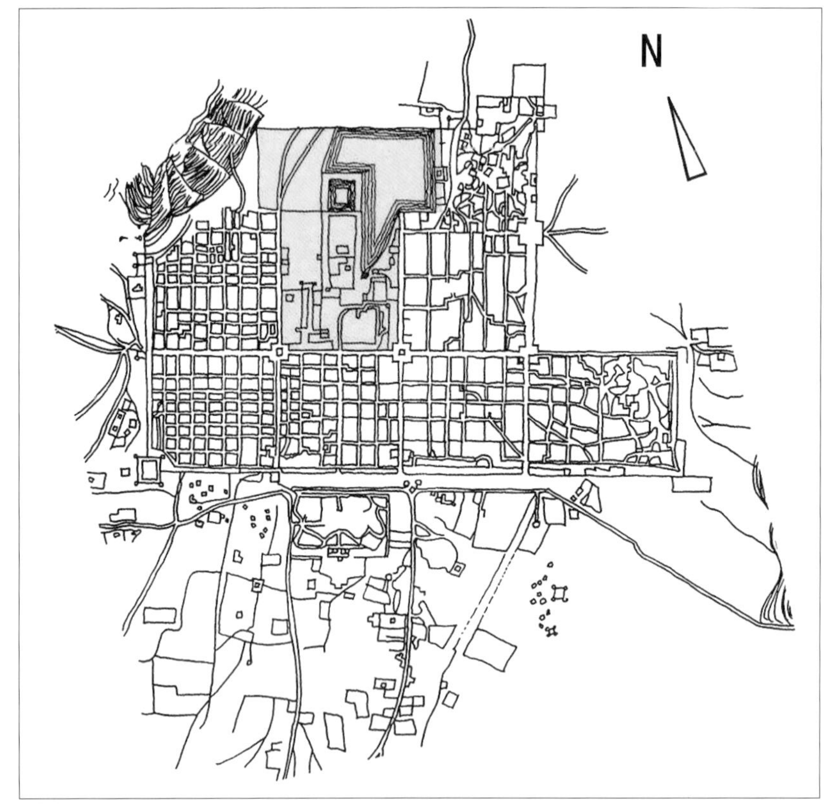

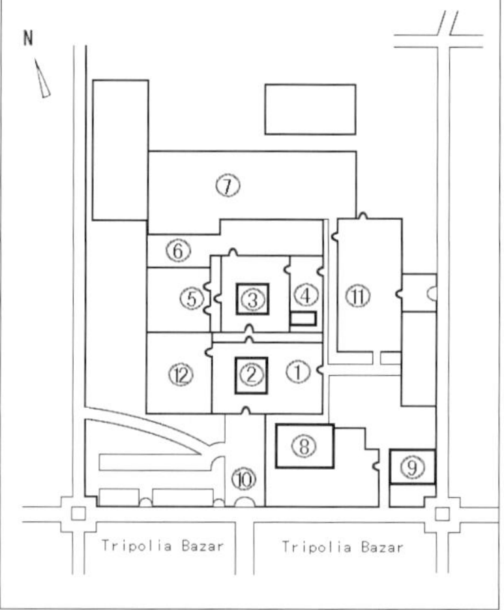

4-123 斋浦尔古城总体规划示意（图中黄色区为王宫）

4-124 斋浦尔王宫建筑布局示意

1- 维兰达门；2- 吉祥宫；3- 枢密殿；4- 觐见殿；5- 王宫伽内沙门；6- 月亮宫；7- 王宫花园；8- 简塔·曼塔天文台；9- 和风宫；10- 王宫南门；11- 王宫前院；12- 王宫的厨房和辅助用房

4-125 斋浦尔王宫的吉祥宫

4-126 斋浦尔王宫的吉祥宫室内一角

4-130

4-127 斋浦尔王宫的吉祥宫和罗堵因陀罗门

4-128 斋浦尔王宫的罗堵因陀罗门

4-129 透过斋浦尔王宫的罗堵因陀罗门看到枢密殿

4-130 斋浦尔王宫枢密殿的立面

4-132 4-133
4-134 4-135
4-131

4-131 斋浦尔王宫枢密殿室内

4-132 从斋浦尔王宫枢密殿内望王宫伽内沙门

4-133 斋浦尔王宫枢密殿和伽内沙门间的庭院

4-134 从斋浦尔王宫枢密殿前望王宫伽内沙门和月亮宫

4-135 斋浦尔王宫枢密殿与觐见殿后侧围合的庭院

4-136	4-137
4-138	4-139

4-136 斋浦尔王宫觐见殿前侧的庭院

4-137 斋浦尔王宫觐见殿后门面向枢密殿

4-138 斋浦尔王宫的月亮宫

4-139 斋浦尔王宫从月亮宫通向枢密殿的孔雀门

4-140

4-141　4-142

4-140 斋浦尔王宫孔雀门细部

4-141 斋浦尔王宫后宫的柱廊

4-142 从斋浦尔的和风宫远望斋浦尔的王宫天文台

4-143	
4-144	4-145

4-143 俯视斋浦尔的王宫大天文台

4-144 登上斋浦尔王宫大天文台的楼梯

4-145 斋浦尔王宫大天文台楼梯的构图

4-146	4-147
4-148	4-149
4-150	

4-146 斋浦尔王宫天文台内不同规格的观象台

4-147 斋浦尔王宫天文台的日晷

4-148 斋浦尔王宫天文台测量星球距离和方位角的仪器

4-149 斋浦尔王宫天文台独特的天文仪器

4-150 斋浦尔王宫天文台不同颜色的小观象台

4-151	4-152
4-153	

4-151 斋浦尔王宫观象台确定方位角的特殊仪器

4-152 斋浦尔和风宫入口

4-153 俯视斋浦尔和风宫中轴线

4-154	4-155
4-156	

4-154 斋浦尔和风宫正门

4-155 斋浦尔和风宫前院环廊

4-156 斋浦尔和风宫内院正立面

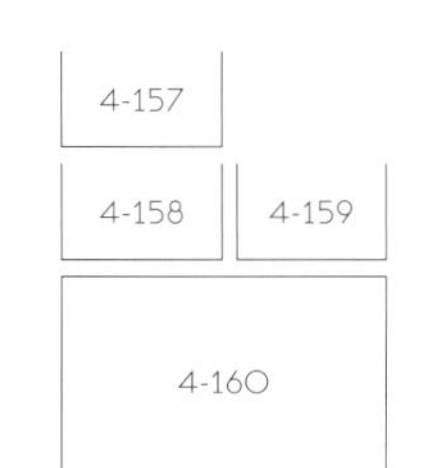

4-157 斋浦尔和风宫内院

4-158 浦尔和风宫内院柱廊

4-159 斋浦尔和风宫顶层挑台

4-160 斋浦尔和风宫逐层跌落的观景亭

4-161

4-162 4-163

4-161 从斋浦尔和风宫跌落观景亭可望城市街道

4-162 从斋浦尔和风宫下层挑廊望街道

4-163 俯视斋浦尔和风宫前的小院

4-164	4-165
4-166	

4-164 俯视斋浦尔和风宫后侧的小院

4-165 斋浦尔和风宫小院两侧的柱廊

4-166 斋浦尔和风宫底层室内

4-167　斋浦尔和风宫底层有创意的室内色彩与光影

4-168 4-169
4-170

4-168 斋浦尔和风宫外侧空间

4-169 俯视斋浦尔和风宫外侧建筑空间关系

4-170 斋浦尔和风宫与塔楼

4-171 和风宫沿街透视成为斋浦尔重要的地标

4-172
4-173

4-172 仰视斋浦尔和风宫的观景亭

4-173 斋浦尔和风宫的体形变化

4-174	4-175
4-176	

4-174 斋浦尔和风宫连续出挑的观景亭

4-175 斋浦尔和风宫前的沿街建筑风格与和风宫一致

4-176 斋浦尔的水宫

在斋浦尔北侧有一座水宫 (Jal Mahal)，是萨瓦伊·摩德霍·辛格 (Sawai Madho Singh) 于 18 世纪在人工湖 (Man Sagar Lake) 中建造的宫殿，作为王室的避暑山庄，水宫是 5 层的宫殿，已有 4 层被淹没在水中，现在只能远观。

4.4 保卫斋浦尔和安伯的纳哈加尔城堡

Nahargarh Fort：The Fortification Defending Jaipur and Amber

纳哈加尔城堡建在斋浦尔西北崎岖的阿拉瓦利山 (Aravalli Hill) 上，1734 年由萨瓦伊·杰伊·辛格二世开始修建，以后历代又逐步扩建。纳哈加尔城堡距斋浦尔 6km，是斋浦尔的军事要塞，具有重要的战略意义，纳哈加尔城堡与斋加城堡互相配合，共同保卫着斋浦尔与安伯。印度语 Nahargar 的意思是“老虎的住所”，人们通常把纳哈加尔城堡称为老虎城堡。

纳哈加尔城堡所在地的风景本来就很美，增加了城墙和碉堡后更加迷人，历代统治者在此不断增加休闲设施。昔日在没有战争的期间，王室成员经常在夏季来此度假，今日更成为斋浦尔市民假日野餐的场所。

纳哈加尔城堡地势险要，易守难攻，进入城堡的山路非常曲折，在城堡的高处不仅能俯视斋浦尔，也能看到安伯的城堡式王宫全貌，景观绝佳。城堡内的建筑古朴粗犷，比例优美，城墙上的防御工事似乎也经过审美的推敲，城堡内的莫卧儿式花园尺度很大，工艺水平不低于安伯城堡的王宫，城堡外还有与水源结合的幽雅景区，把军事要塞与休憩度假相结合是萨瓦伊·杰伊·辛格二世的一大创举。

4-177　纳哈加尔城堡曲折的入口

4-178	4-179
4-180	4-181
	4-182

4-178 进入纳哈加尔城堡第二道门

4-179 纳哈加尔城堡内的通道

4-180 进入纳哈加尔城堡第三道门

4-181 纳哈加尔城堡上的岗亭

4-182 纳哈加尔城堡城墙上的防御工事

4-183 纳哈加尔城堡登上城墙的楼梯

4-184 纳哈加尔城堡内的地面防御工事

4-185 纳哈加尔城堡的殿堂

4-186 4-187

4-188

4-186 纳哈加尔城堡建筑的体形变化

4-187 纳哈加尔城堡内的辅助建筑

4-188 纳哈加尔城堡内颇有创意的建筑

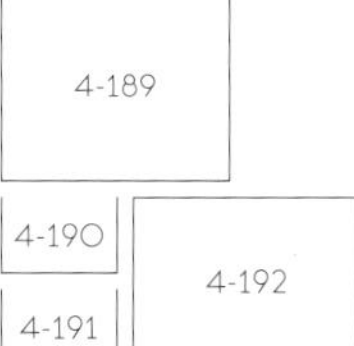

4-189 纳哈加尔城堡内王室人员的寝宫

4-190 纳哈加尔城堡的空间利用

4-191 纳哈加尔城堡展出的火炮

4-192 纳哈加尔城堡内近似“现代建筑”的色彩构图

4-193	
4-194	4-195

4-193 俯视纳哈加尔城堡复杂的防御工事

4-194 纳哈加尔城堡防御工事的空间变化

4-195 纳哈加尔城堡的瞭望塔

4-196	4-198
4-197	
4-199	

4-196 纳哈加尔城堡的“冒险”游客

4-197 俯视纳哈加尔城堡内的莫卧儿式花园

4-198 纳哈加尔城堡险要的防御工事

4-199 纳哈加尔城堡蜿蜒起伏的城墙与水源

4-200 纳哈加尔城堡防御工事连接水源

4-201 纳哈加尔城堡防御工事连通到山顶

4-202

4-203

4-202 纳哈加尔城堡与安伯城堡

4-203 从纳哈加尔城堡俯视安伯城堡与安伯村

5 伊斯兰建筑风格的寺院、王宫与陵墓

Mosques, Palaces and Tombs with Islamic Architectural Style

5.1 德里苏丹国的顾特卜塔和威力清真寺

Qutb Minar and Quwwat ul-Islam Mosque of Delhi Sultanate

顾特卜塔和威力清真寺位于德里南郊，是印度最早的伊斯兰建筑。公元 12 世纪末，来自中亚的突厥人和阿富汗人征服了印度北部并定都德里，建立德里苏丹国 (Delhi Sultanate)。为纪念伊斯兰教徒对印度教徒的胜利，德里苏丹国的将军兼总督顾特卜德丁 · 艾巴克 (Qutbuddin Aibak) 决定在德里最大的印度教神庙遗址上建立起宏伟的顾特卜塔 (Qutb Minar) 和库瓦特 · 乌尔—伊斯兰清真寺 (Quwwat-ul-Islam Mosque)，即“伊斯兰的威力”清真寺。顾特卜德丁成为德里苏丹国的第一位国君。

顾特卜塔始建于 13 世纪初期，历经几代国君。顾特卜塔下部由红砂石砌筑，顶部由大理石砌筑，塔高 72.5m，基座直径 14.32m，塔峰直径 2.75m，从下往上逐渐变细，塔身棱角状和圆弧状的凹槽装饰穿插出现，非常壮观，精心镌刻的阿拉伯文字和各种花纹图案形成水平条带，增加了塔身的节奏感。顾特卜 (Qutb) 意为“柱”或“轴”，塔上的铭文表明了建塔的意图：“真主高大的身影投射在被征服的印度教徒城市之上。”顾特卜塔内有 397 级台阶，昔日的国王登上塔顶的挑台可俯视自己控制的大地，今日已经不对外开放。印度学术界对顾特卜塔的意义有不同的见解，有人认为顾特卜塔仅仅是一座观象塔或瞭望塔。[27]

威力清真寺及其宽敞的庭院与回廊也闻名于世，庭院长约 43.2m，宽约 32.9m，三面有柱廊围合，开口朝向西方的麦加圣地。清真寺的建筑材料掠自当地 27 座被破坏的印度教和耆那教神庙，部分石料至今还可看到一些印度教雕刻的痕迹。威力清真寺由当地的技艺精湛的印度工匠建造，虽然建筑风格遵循伊斯兰教的要求，但细部的花卉图案源于印度传统艺术，创造了一种新的建筑艺术风格，清真寺于公元 1193 年始建，1197 年建成。

塔内还建有多处王陵，大小不等，造型各异，丰富了清真寺建筑群。1311 年，德里苏丹王国的继任国王在顾特卜塔的东南又建造了红砂石砌筑的阿拉伊—达尔瓦扎门 (Alai Darwaza)，阿拉伊门色彩典雅，比例优美，是印度伊斯兰建筑的珍品。

㉗ Prabhakar V. Begde. Forts and Palaces of India[M]. New Delhi: Sagar Publications,1982：86–88.

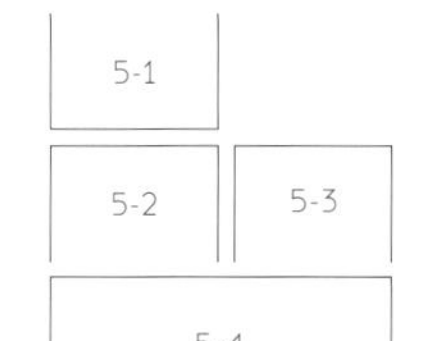

5-1 德里苏丹国的顾特卜塔和威力清真寺入口

5-2 威力清真寺的阿拉伊门透视

5-3 威力清真寺阿拉伊门立面

5-4 德里苏丹国的顾特卜塔和阿拉伊门

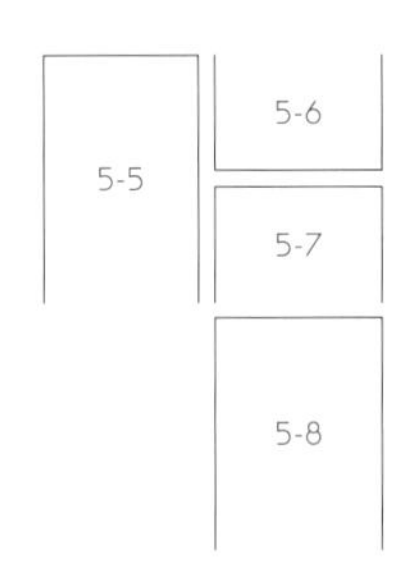

5-5 威力清真寺阿拉伊门的漏窗

5-6 威力清真寺阿拉伊门的穹顶

5-7 威力清真寺阿拉伊门基座

5-8 仰视顾特卜塔

5-9　顾特卜塔的阿拉伯文字与伊斯兰图案形成水平条带

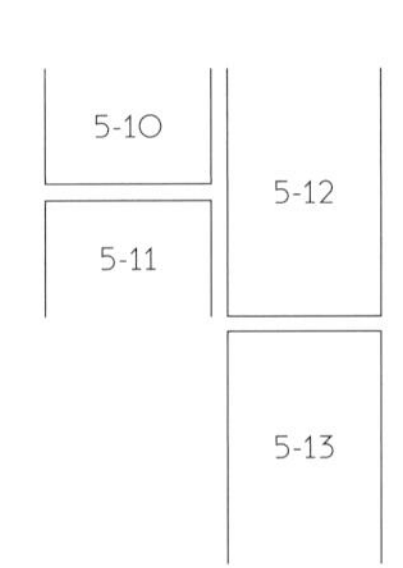

5-10 威力清真寺宽敞的庭院与回廊

5-11 威力清真寺回廊转角的变化

5-12 威力清真寺回廊透视

5-13 掠夺的石料砌筑出的威力清真寺回廊

5-14 掠夺的石料砌筑出的建筑细部

5-15 威力清真寺的拱门

5-16 透过威力清真寺拱门看顾特卜塔

5-17 威力清真寺的陵墓

5-18

5-19 5-20

5-18 威力清真寺的皇家陵墓

5-19 威力清真寺的庭园

5-20 威力清真寺内很不和谐的祀奉毗湿奴的熟铁纪念柱

威力清真寺内有一根与环境很不和谐的圆铁柱，圆铁柱是公元 4 世纪笈多二世为了祀奉印度教大神毗湿奴铸造的熟铁纪念柱，1198 年被德里苏丹国掠夺，作为战利品布置在清真寺内，纪念柱高 24 英尺 (约 7.3m，包括埋在地下的 0.9m)，重 6t，这根铁柱历经 1600 余年，仍未生锈，显示了印度昔日的冶金技术。顾特卜塔和威力清真寺建筑群于 1993 年被联合国教科文组织列入世界遗产名录。

5.2　莫卧儿王朝的阿格拉城堡

Agra Fort of Mughal Dynasty

阿格拉城堡的建造与使用历经莫卧儿王朝的阿克巴、贾汉吉尔、沙·贾汉和奥朗则布等多位皇帝。沙·贾汉晚年被儿子奥朗则布囚禁于此，在阿格拉城堡八角亭上眺望自己爱妃的陵墓，度过 8 年余生。1983 年阿格拉城堡被联合国教科文组织列入世界遗产名录。

阿格拉有悠久的历史，拉杰普特人的首领巴达尔·辛格 (Badal Singh) 于公元 15 世纪便在阿格拉建造了城堡。1564 年莫卧儿王朝的阿克巴皇帝推倒了原有的城堡，在原址上建造了新的城堡，1569 年城堡建成，这是一种经济、快速、有效的建造方法，也是莫卧儿王朝的习惯做法。[28] 沙·贾汉即位后，不仅对原有城堡和宫殿进行改造，而且增建了新的宫殿，使阿格拉城堡改变了原有的“红堡”风格，趋向华丽。

阿格拉城堡平面近似半圆形，这是古代印度的传统形式，因为这种形状象征古代的武器“弓”，城堡周长约 1 英里 (约 1.6km)，城墙高约 20m，城墙外侧有很深的壕沟，阿格拉城堡东侧临亚穆纳河 (Yamuna River)，城堡有很强的防御能力。阿格拉城堡有 2 个城门，主要的城门在西侧，称德里门 (Delhi Gate)，另一个城门在西南方向，称阿玛辛格门 (Amar Singh Gate)，为了确保安全防御，每个城门都有 3 道门，进出城门很复杂。德里门在 1875 年被英军拆除，城门前原有的石象雕刻也被拆除。今日参观阿格拉城堡均从西南侧的阿玛辛格城门进入，沿着坡道经过 3 道城门和城门之间的大院 (great courtyard) 才能进入王宫。阿格拉城堡气势雄伟，红色砂岩砌筑，雕刻精细，防御功能与建筑艺术有机结合。

按照原有的设计意图，从德里门进入城堡先经过一条商业街，当时称为灯市

㉘ Prabhakar V. Begde. Fort and Palaces of India[M]. New Delhi: Sagar Publications, 1982: 136-137.

(Minar Bazaar)，商业街两侧均为小店铺，商业街的尽端是个正方形的小广场，广场北侧是清真寺，广场南侧是王宫。广场北侧的清真寺名为珍珠清真寺 (Moti Masjid)，是 1646 年沙 · 贾汉敕建的白色大理石建筑，珍珠清真寺内院三侧白色大理石柱廊环绕，中心是一个方形供洗手礼的水池，西侧的祈祷厅有连续的拱门，平屋顶上饰以大、小凉亭，庄重典雅。

阿格拉王宫觐见殿前面是很大的广场，广场三面柱廊围合，广场入口在北侧。觐见殿面向西方，三面开敞，觐见殿长约 192 英尺 (约 58.5m)，宽约 64 英尺 (约 19.5m)，全部由红色砂石砌筑，基座保持红砂石原色，上部由高质量的白色抹灰饰面，局部饰以金线和彩画，工艺精良，风格典雅。国王的宝座在觐见殿后侧正中，宝座下面是一块正方形的白色大理石台，宝座后面是带有大理石漏窗的小室，后宫的女眷可以透过漏窗观看国王理政的过程。觐见殿东侧的后院称为鱼廊 (Macchi Bhavan or Fish Pavilion)，相传昔日在此有一个鱼池。

觐见殿后院的北侧有一座为王宫女眷提供的王宫内部清真寺，称为鸟寺 (Nagina Masjid)，鸟寺规模较小，入口朝西，建筑材料为白色大理石，屋顶上有 3 个穹顶，风格清新，鱼廊与鸟寺之间有附属建筑，从鱼廊进入鸟寺的空间变化丰富。

阿格拉王宫的枢密殿建在鱼廊后院东侧，坐南朝北，枢密殿与觐见殿之间有明显的轴线关系，在枢密殿内可东望亚穆纳河，景观极佳，枢密殿建于 1636—1637 年，是沙 · 贾汉增建的，殿内的透空花格窗均系大理透雕。

枢密殿南侧是国王的寝宫和葡萄园 (Anguri Bagh)，葡萄园三面拱廊围合，中间的花坛呈现几何图案。国王寝宫是一幢三面开敞的平顶建筑，屋顶下面是 5 个拱券，屋顶上有 2 个金顶凉亭，国王寝宫两侧对称的配殿也是金顶，富丽堂皇，寝宫前的跌落水池由大理石砌筑，精雕细刻。据说由寝宫南侧的楼梯可通向地下室，地下室是国王和王妃们夏季乘凉的地方，几间房间围绕着一口井。

国王寝宫和枢密殿之间有一个八角形石塔，即著名的素馨塔 (Saman Burj)，素馨塔不仅沿亚穆纳河建造，而且向外侧突出，非常醒目，白色大理石塔亭镶嵌素馨花纹，塔顶为镏金穹顶，下面是红砂石砌筑的高大基座，素馨塔是阿格拉城堡最吸引人的景点，登临塔亭可以看到举世闻名的泰姬陵，据说，当年沙 · 贾汉被其子奥朗则布幽禁时，就经常默默地坐在素馨塔的白色大理石塔亭中，怀着无限思念之情遥望泰姬陵。

国王寝宫和葡萄园南侧的贾汉吉尔宫是阿格拉城堡内最大的一组宫殿，贾汉吉尔宫南北向长 260 英尺 (约 79m)，东西向长 249 英尺 (约 76m)，全部由红色砂岩砌筑。沿东西轴线有 2 个内院，宫殿的四角各有一个八角形的塔楼，建筑平面和造型基本上沿东西轴线对称布局，比例优美，檐下红色砂岩雕刻的牛腿尤为突出，贾汉吉尔宫将伊斯兰建筑风格与拉杰普特建筑风格融为一体，或许拉杰普特的传统因素更多一些。阿克巴宫 (Akbarl Mahal) 在城堡的最南端，已经废弃，目前仅有遗址。

5-21

5-22

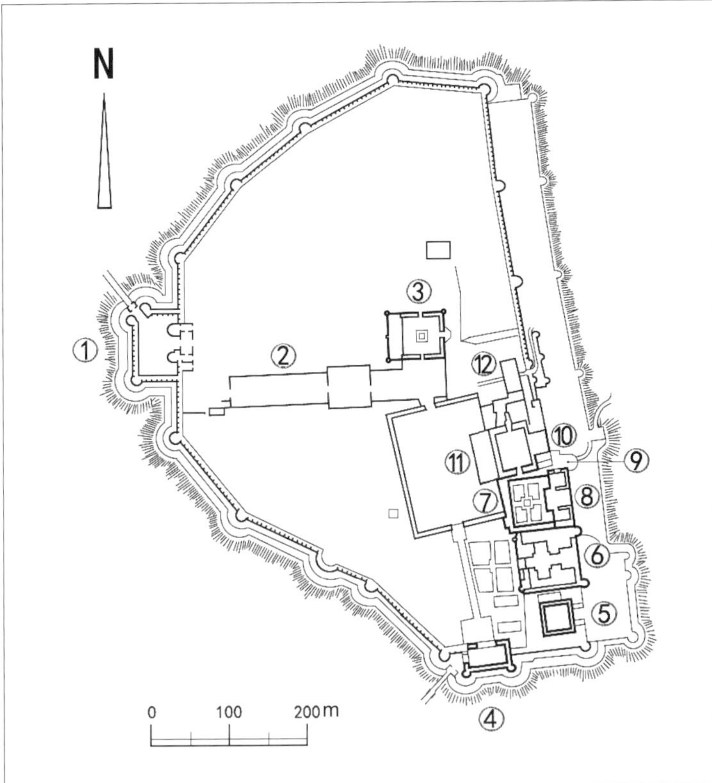

5-21　阿格拉城堡平面示意

1- 德里门；2- 灯市商业街；3- 珍珠清真市；4- 阿玛辛格门；5- 阿克巴宫遗址；6- 贾汉吉尔宫；7- 葡萄园；8- 国王寝宫；9- 素馨塔；10- 枢密殿；11- 觐见殿；12- 王宫内部清真寺

5-22　阿格拉城堡的阿玛辛格门

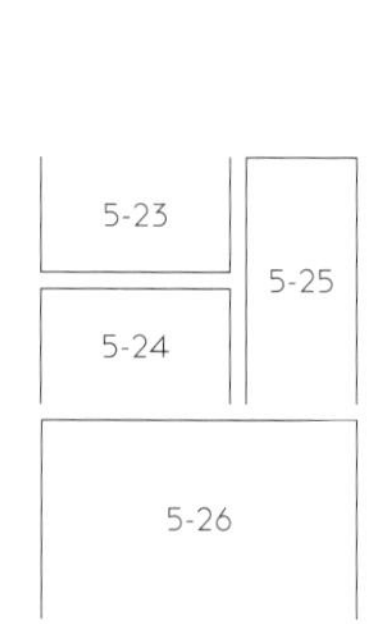

5-23 阿格拉城堡西侧城墙

5-24 阿格拉城堡南侧城墙

5-25 阿格拉城堡阿玛辛格门的第二道城门

5-26 今日阿格拉城堡的售票处

5-27 阿格拉城堡阿玛辛格门的第三道城门

5-28 阿格拉城堡城墙顶部处理

5-29 阿格拉城堡城墙的装饰

5-30 仰视阿格拉城堡城墙的装饰

5-31 5-32 5-33
5-34
5-35

5-31 阿格拉城堡外侧的防御设施

5-32 阿格拉城堡阿玛辛格门第三道城门内的院落

5-33 阿格拉城堡阿玛辛格门第三道城门内院门洞对景

5-34 从阿格拉城堡内望城墙

5-35 阿格拉城堡的觐见殿

5-36 5-37
5-38
5-39

5-36 阿格拉城堡的葡萄园连接觐见殿

5-37 阿格拉城堡觐见殿一角

5-38 阿格拉城堡觐见殿内透视

5-39 阿格拉城堡觐见殿内宝座下的大理石台

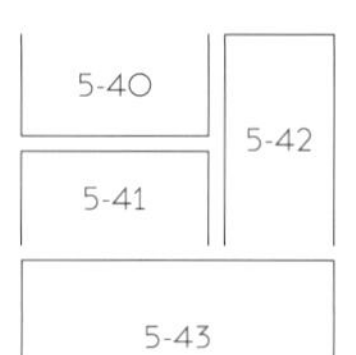

5-40 阿格拉城堡觐见殿前广场的西门和门外的珍珠清真寺

5-41 阿格拉城堡珍珠清真寺的屋顶

5-42 阿格拉城堡王宫内的清真寺

5-43 阿格拉城堡王宫内清真寺的屋顶

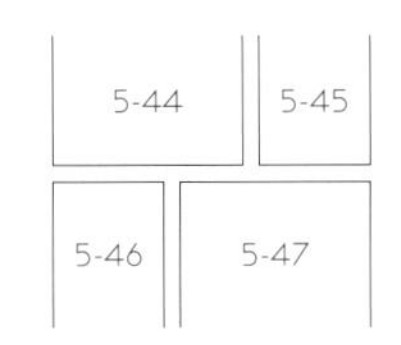

5-44 阿格拉城堡王宫清真寺室内

5-45 阿格拉城堡王宫清真寺水池

5-46 通向阿格拉城堡王宫清真寺的小天井

5-47 阿格拉城堡的枢密殿

5-48
5-49
5-50

5-48 从阿格拉城堡的葡萄园望枢密殿
5-49 阿格拉城堡的葡萄园西侧
5-50 阿格拉城堡的国王寝宫与葡萄园

5-51	
5-52	5-53
5-54	

5-51 阿格拉城堡国王寝宫正立面

5-52 俯视阿格拉城堡葡萄园

5-53 阿格拉城堡国王寝宫透视

5-54 从阿格拉城堡国王寝宫前的水池望葡萄园

5-55 阿格拉城堡国王寝宫的配殿

5-56 阿格拉城堡国王寝宫配殿内的空间变化

5-57 阿格拉城堡的国王寝宫与素馨塔

5-58 阿格拉城堡的素馨塔

5-59
5-60
5-61

5-59 俯视阿格拉城堡素馨塔的内院

5-60 从阿格拉城堡素馨塔望泰姬陵

5-61 阿格拉城堡的贾汉吉尔宫

5-62	5-63
5-64	5-65

5-62 阿格拉城堡贾汉吉尔宫首层平面

5-63 阿格拉城堡贾汉吉尔宫入口透视

5-64 阿格拉城堡贾汉吉尔宫中心内院

5-65 从阿格拉城堡贾汉吉尔宫回廊内望内院

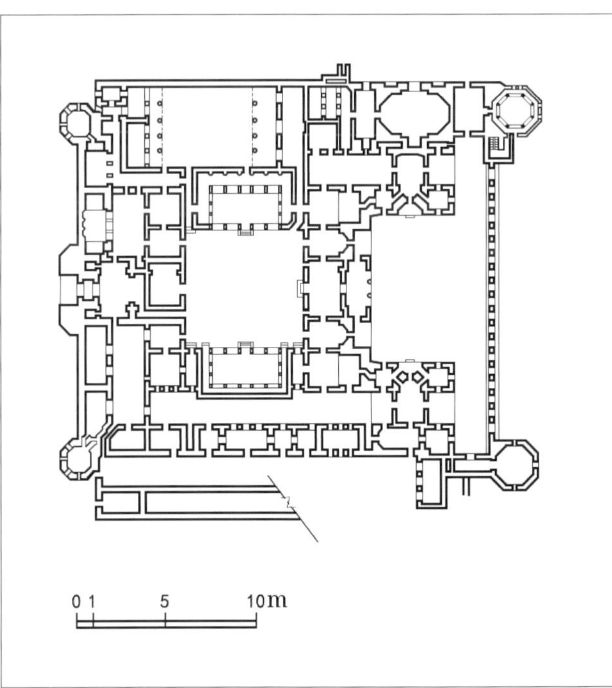

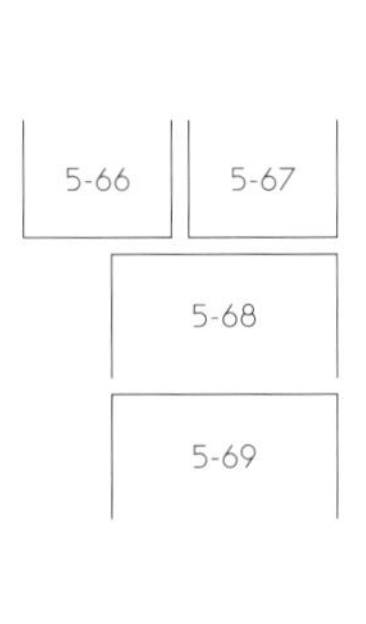

5-66 阿格拉城堡贾汉吉尔宫回廊透视

5-67 阿格拉城堡贾汉吉尔宫回廊檐口的多层牛腿

5-68 阿格拉城堡贾汉吉尔宫回廊檐下牛腿

5-69 阿格拉城堡贾汉吉尔宫侧院

5-70　阿格拉城堡贾汉吉尔宫沿河内院
5-71　阿格拉城堡贾汉吉尔宫沿河内院的排水口
5-72　阿格拉城堡贾汉吉尔宫东侧外墙
5-73　阿格拉城堡贾汉吉尔宫室内

5-74

5-75 5-76

5-74 阿格拉城堡贾汉吉尔宫尚未修复的侧院

5-75 阿格拉城堡王宫的维修工作

5-76 阿格拉城堡王宫的常客

5.3 莫卧儿王朝的德里红堡

Delhi Red Fort of Mughal Dynasty

1639 年，莫卧儿王朝国王沙·贾汉决定将首都从阿格拉迁至德里，并在德里兴建一座新的城堡，1648 年德里城堡基本建成，因由红色砂岩砌筑，被称为德里红堡 (Lal Qila or Red Fort)。德里红堡毗邻 1546 年建造的萨林加尔古堡 (Islam Shah Sur)，两者共同构成了红堡建筑群，联合国教科文组织于 2007 年以红堡建筑群 (Red Fort Complex) 之名列入世界遗产名录。

德里老城在亚穆纳河西岸，约有 2000 年的历史。老城的规划分区是根据印度教的社会阶级划分。城内的主要大街是东西向的商业街，被称为月光市场 (Chandani Chowk)，商业街两侧是商店，商业街东侧的尽端便是红堡的拉合尔门 (Lahori Gate)，红堡在老城的东侧，沿着亚穆纳河，占据德里老城最好的位置。

红堡平面近似矩形，南北向长 3200 英尺 (约 975m)，东西向长 1600 英尺 (约 488m)，红堡的城墙全部由红色砂岩砌筑，总长约 2500m，沿河的东侧城墙较矮，平均高度约 22 英尺 (约 6.7m)，东侧依靠河水防御，其他三侧城墙均高出地面 100 英尺 (约 30m)，外侧有护城河环绕，非常雄伟。德里红堡有 3 个城门，拉合尔门是红堡的正门，布置在西侧城墙的中部，德里门 (Delhi Gate) 在南侧，水门 (Water Gate) 在东侧的南端，水门通向亚穆纳河岸。拉合尔门两侧各有一个八角形塔楼，拉合尔门的城门有 2 道，两道城门之间有过渡空间。城门顶部的造型相当丰富，近似中国的牌楼，不仅两边的立柱上有凉亭，中间也有一排穹顶小凉亭。

穿过拉合尔门后要经过一条较长的 2 层高的拱顶商业街 (Chhatta or bazaar)。商业街昔日为王室服务，中部设有一个八角形的采光孔。穿过商业街后有一个正方形内院，正方形内院前方是鼓乐楼 (Nakkar Khana)，国王进出时宫廷乐师在此奏乐。鼓乐楼四面的颜色不同，东侧是红色，其他三面为白色，很有特点。鼓乐楼的东侧是觐见殿，觐见殿和鼓乐楼之间是一个很大的内院，觐见殿坐东朝西，觐见殿的东侧是卓越宫 (Rang Mahal or Imtiyaz Mahal)，卓越宫东临亚穆纳河，景观绝佳，卓越宫和觐见殿之间有一个花园。[29] 从拉合尔门到卓越宫有一条明显的东西向中轴线，

㉙ 卓越宫在相关文献中有多种提法，多数称之为 Rang Mahal，沙·贾汉将其命名为 Imtiyaz Mahal，含义为卓越的宫殿。

也是红堡的主轴线，沿着中轴线的空间变化丰富，由于围合空间的连廊均已被破坏，今日仅有甬道，很难领会昔日的景观。

觐见殿是三面开敞的大厅，东墙封闭，觐见殿正面九开间，侧面三开间，西侧第一排为双柱，柱间的拱券呈火焰状，平屋顶上的前方两侧各有一个白色凉亭，觐见殿的柱子由红色砂岩砌筑，柱子表面饰以暗红色灰泥并有花饰，德里红堡的觐见殿是莫卧儿宫殿的典型代表。国王的宝座在觐见殿后壁正中，背靠东墙，宝座的白色大理石高台高出大殿地面约 3m，并有华盖遮顶，登上宝座的楼梯在后侧。国王的宝座称为孔雀宝座 (Peacock Throne)，据说，孔雀宝座由黄金铸造，椅背上有各色宝石和珍珠镶嵌的孔雀图案。1739 年波斯入侵者洗劫德里时把孔雀宝座掠至伊朗，现在德黑兰博物馆藏有残片。

红堡的后宫全部建在沿着东侧亚穆纳河的高台上，枢密殿、国王的寝宫和为国王服务的建筑布置在卓越宫的北侧，王后和王妃们的寝宫 (Mumtaz Mahal) 布置在卓越宫的南侧，南侧的寝宫现在是博物馆，卓越宫居中，仿佛后宫的“起居室”。卓越宫沿河的“落地窗”很有特色，四周是透空方格，中间是很大的观景窗，很像“现代建筑”。国王寝宫东端有一个八角塔 (Musamman Burj)，塔顶为穹顶凉亭，据说国王昔日从八角塔上观赏河边风景和开阔地段围墙内的斗兽场面。国王寝宫内设有保证夏日凉爽的水渠，寝宫下面设有地下室。枢密殿在国王寝宫的北侧，枢密殿是红堡内最华丽的宫殿。国王寝宫北侧是国王祈祷的地方，称珍珠清真寺 (Moti Masjid)，国王的浴室 (Hamman) 与珍珠清真寺相邻。德里红堡的珍珠清真寺相对封闭，虽然装修标准很高，但不如阿格拉城堡的珍珠清真寺典雅、气魄，德里红堡珍珠清真寺是奥朗则布晚年在德里红堡为他自己建造的一座私人祈祷室，为了表达对伊斯兰教圣地麦加的虔诚，珍珠清真寺内墙扭转了一个很小的角度，保证祈祷时准确地朝向麦加，清真寺外墙则仍然与红堡内其他建筑方向一致。国王的浴室北侧是宝石殿(Hira Mahal or Diamond Mahal)，宝石殿的屋顶不同于红堡内的其他宫殿，屋顶上有 3 个穹顶，与下面五开间的柱廊互相配合，建筑雕刻精细，宝石殿和国王的浴室之间原有其他宫殿，后被英军拆除。后宫沿河的北端有一个穹顶镏金的八角塔 (Muthamman Burj)，也称国王塔 (Shah Burj)，是红堡东北转角处的标志。

宝石殿西侧是占地很大的两个花园——月光花园 (Mehtab Bagh or Moonlight Garden) 与赐生花园 (Hayat Baksh or Life Giving Garden)，花园内的水池和人工水渠井然有序，红色凉亭和白色凉亭点缀其间，不仅凉亭精雕细刻，水渠边的排水沟也雕刻精细，人工水渠称为“乐园溪流”(Nahi-l Bihisht，or Stream of Paradise)，水源引自亚穆纳河，水渠遇到道路便增加盖板，遗憾的是现在看到的仅是干枯的水渠，未能欣赏“乐园溪流”的盛况。德里红堡规模很大，建筑质量也很高，但是建筑布局松散，由于原有连接宫殿的敞廊被破坏，更加显示建筑群缺乏

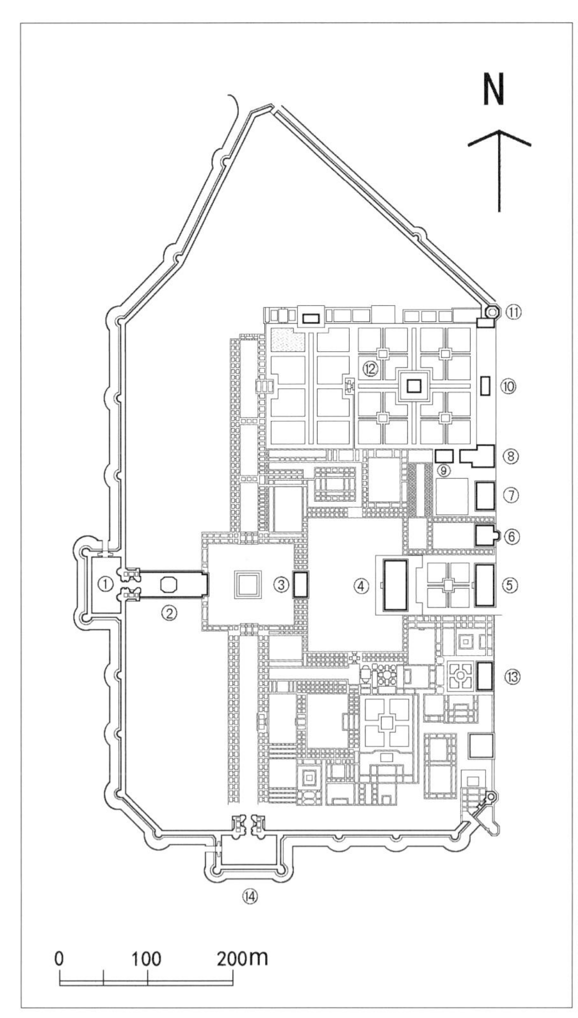

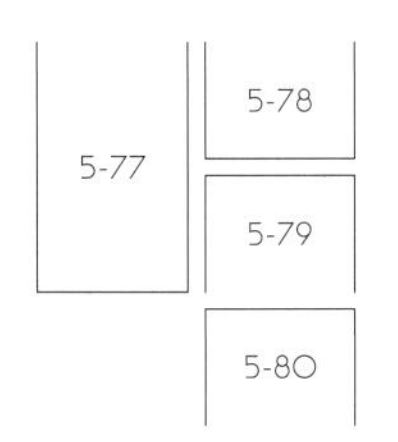

5-77 德里红堡总平面

1- 拉合尔门；2- 拱顶商业街；3- 鼓乐楼；4- 觐见殿；5- 卓越宫；6- 国王寝宫；7- 枢密殿；8- 国王浴室；9- 珍珠清真寺；10- 宝石殿；11- 国王塔；12- 花园与乐园溪流；13- 王后和王妃寝宫；14- 德里门

5-78 德里红堡的拉合尔门入口透视

5-79 德里红堡登上城墙的楼梯

5-80 仰视德里红堡塔楼

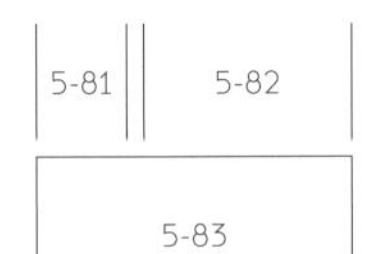

5-81 德里红堡拉合尔门的第二道城门

5-82 从德里红堡外侧望拉合尔门正立面

5-83 德里红堡拉合尔门顶部凉亭透视

5-86

5-87 5-84

5-85

5-84 德里红堡内的拱顶商业街

5-85 德里红堡拱顶商业街通向鼓乐楼的出口

5-86 德里红堡鼓乐楼西侧透视

5-87 德里红堡鼓乐楼西侧入口透视

5-88	5-89
5-90	
	5-91

5-88 德里红堡鼓乐楼南侧透视

5-89 德里红堡觐见殿西侧透视

5-90 德里红堡觐见殿西立面局部

5-91 德里红堡觐见殿的国王宝座

5-92 5-93
5-94 5-96
5-95

5-92 从德里红堡觐见殿望鼓乐楼

5-93 德里红堡觐见殿室内透视

5-94 德里红堡觐见殿柱头细部

5-95 远望德里红堡的卓越宫、国王寝宫和枢密殿

5-96 德里红堡卓越宫前的水池

5-97	5-98
5-99	5-100

5-97 德里红堡的卓越宫、国王寝宫和枢密殿透视

5-98 远望德里红堡的国王寝宫、枢密殿和国王浴室

5-99 德里红堡的国王寝宫南侧透视

5-100 德里红堡国王寝宫与八角塔的组合

5-101	5-102
5-103	5-104

5-101 德里红堡国王寝宫的八角塔

5-102 德里红堡国王寝宫西侧通向地下室的入口

5-103 德里红堡国王寝宫室内装修

5-104 德里红堡国王寝宫室内水池

5-105 5-106
5-107
5-108

5-105 德里红堡国王寝宫铜门的拉手

5-106 德里红堡国王寝宫内的阿拉伯文石刻

5-107 德里红堡的枢密殿

5-108 德里红堡枢密殿屋顶上的凉亭

5-110

5-111

5-109

5-109 德里红堡枢密殿室内观景落地窗

5-110 德里红堡枢密殿室内装修与水池上的盖板

5-111 德里红堡枢密殿与北侧的国王浴室

5-112	5-113
5-114	5-115
5-116	

5-112 德里红堡的国王浴室与珍珠清真寺的组合

5-113 德里红堡的国王浴室入口

5-114 德里红堡的珍珠清真寺

5-115 德里红堡珍珠清真寺平面

5-116 德里红堡的宝石殿与国王塔

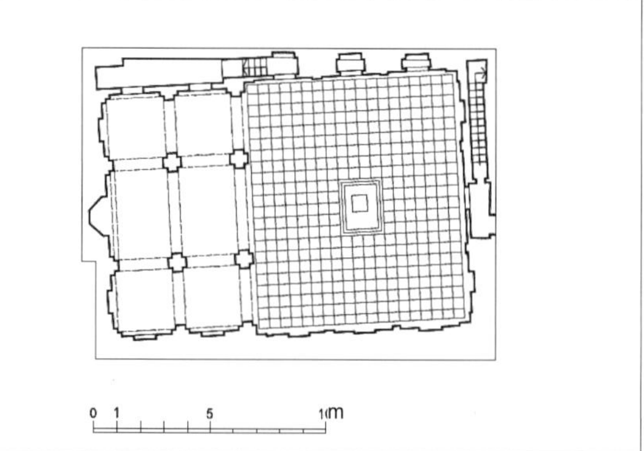

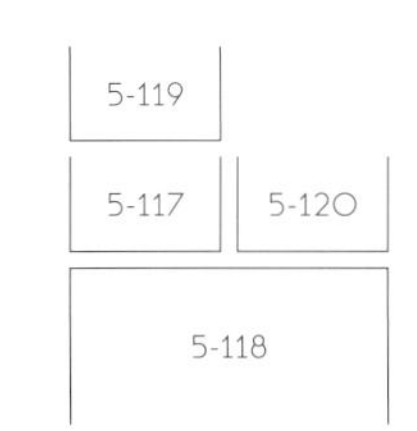

5-117 德里红堡的宝石殿透视

5-118 德里红堡的宝石殿室内

5-119 德里红堡南区王后和王妃们的寝宫

5-120 德里红堡“乐园溪流”的水渠

5-121 远望红堡“乐园溪流”的水渠与红色休息厅

5-122 德里红堡“乐园溪流”的红色休息厅

5-123 德里红堡“乐园溪流”精雕细刻的排水沟

5-124 远望红堡“乐园溪流”的水渠与白色休息厅

有机组合，与阿格拉城堡相比，德里红堡的建筑水平已经逊色，更无法与法塔赫布尔西格里相比。

5.4 泰姬陵：一滴永恒的泪珠

Taj Mahal: A Teardrop of Eternity

泰姬陵 (Taj Mahal) 是莫卧儿王朝第五代皇帝沙·贾汉为他宠爱的皇后慕塔芝·玛哈（Mumtaz Mahal）修建的陵墓，泰姬陵建在亚穆纳河右岸，与阿格拉城堡隔河相望，泰姬陵于 1632 年动工兴建，1648 年建成。[30]

泰姬陵总体占地约 17 万 m^2，南北长 580m，东西宽 305m，采用严格对称的建筑布局，正门在南侧，陵墓在北侧，从正门至陵墓形成一条南北向中轴线。正门前有一个长方形的前院 (Fore Court)，前院的南侧、东侧和西侧均有通向外部的大门，前院的四角各有一组正方形的附属建筑，前院四周由回廊环绕。正门 (Darwaza or Main Gate) 是一座由红色砂石砌筑的高大门楼，门楼平面呈正方形，四个转角处有八角形塔楼，塔楼顶上有白色穹顶凉亭，门楼四面均为三开间，白色大理石和各色的彩石镶嵌细部，顶部有一排白色穹顶小凉亭，正门内的东、西两侧有连廊，连廊尽端各有一座八角楼。

泰姬陵的陵墓布置在北端，陵墓主殿建在一座正方形平台上，平台边长约 95m，正方形平台高 7m，穹顶陵墓主殿耸立在平台中央，穹顶的顶端高约 57m。平台四角各有一座圆柱形高塔，塔高约 42m，每座高塔均向外倾斜 12°，为确保遇到地震时尖塔向外倒塌而不压到主殿，据说四座高塔供教徒登高朗诵《古兰经》或祈祷。陵墓全部用纯白大理石建造，造型优美，内外镶嵌美丽的宝石，陵墓四面有 33m 高的拱门，立面白色大理石壁龛内和边框上镶嵌着《古兰经》的铭文与阿拉伯图案。陵墓内有 2 座空的石棺，沙·贾汉王及皇后葬于空棺处的地下室。陵墓东、西两侧各有一座红砂岩砌筑的建筑，两座建筑造型完全一样，每座建筑的南、

---

[30] 慕塔芝·玛哈原名姬蔓·芭奴 (Gauhara Begum，1593—1631 年)，是沙·贾汉的第三个妻子，慕塔芝·玛哈是沙·贾汉父亲贾汉吉尔第二十个妻子的侄女，与沙·贾汉结婚后被赐封慕塔芝·玛哈。泰姬陵的“泰姬”二字，是 TAJ 的音译，为皇冠或“完美”之意，Taj Mahal 的含义是王宫之冠 (Crown of Palace)，因此并不能称呼葬于此陵墓的姬蔓·芭奴为“泰姬”。泰姬陵是我国普遍采用的译法，本书沿用这种译法。

北两侧又各有一座八角形的红砂石高塔，在两侧对称的红色建筑的衬托下，泰姬陵显得更加高雅，犹如琼楼玉宇。陵墓西侧的建筑是清真寺，陵墓东侧的建筑是一座配殿 (Jawab)，配殿无明确功能，游人可自由观赏。

泰姬陵的陵墓和南侧正门之间是一座正方形的莫卧儿式花园，正方形的边长为 300m，2 条十字交的水渠将花园分为 4 等分，花园中心是凸起的正方形白色大理石水池，红砂石砌筑的水渠笔直地流向四方，象征从伊甸园 (Garden of Eden) 流向世界的 4 条河流，陵墓在水渠中的倒影，看起来好像有两座泰姬陵。[31] 花园东、西两侧水渠的尽端各有一座 2 层的红砂石建筑，名为鼓乐楼 (Naubat Khana)。

泰姬陵的设计人是以波斯建筑师乌斯塔德 · 艾哈迈德 · 拉合里 (Ustad Ahmad Lahori,1575—1649 年) 为首的建筑师团队，设计泰姬陵时参照了德里的胡马雍陵 (Tomb of Humayun) 格局，并且融合了中亚、波斯和印度本土的建筑风格。[32] 泰姬陵的设计构思是根据莫卧儿时代文学艺术中流行的“乐园意象”(Paradise Imagery)，“乐园意象”是人们想象中的天国花园 (Garden of Paradise)。泰姬陵总结了伊斯兰建筑的精华，以正方形作为设计的基本元素，充分发挥了古典建筑的对称规律，风格严肃、典雅，曾普遍认为是纪念性建筑的典范。泰姬陵设计的成功不仅在于陵墓本身的设计，它还是一组完整的建筑群，空间、色彩的变化，水系、绿化的衬托，八角塔和穹顶的簇拥，最终使人们的目光集中到陵墓。

据说泰姬陵在一天内所呈现出的面貌各不相同，早上是灿烂的金色，中午的阳光下是耀眼的白色，斜阳夕照下，白色的泰姬陵从灰黄、金黄，逐渐变成粉红、暗红、淡青色，而在月光下又成了银白色，有一种恍若仙境的感觉。

1657 年沙 · 贾汉被他的儿子奥朗则布篡位，沙 · 贾汉被囚禁于阿格拉城堡，晚年由最小的女儿照顾饮食，据说，沙 · 贾汉每天在阿格拉城堡的素馨塔内远眺亚穆纳河里浮动的泰姬陵倒影，7 年后抑郁而终，葬于爱妻身旁。印度诗人拉宾德拉纳特 · 泰戈尔（Rabindranath Tagore，1861—1941 年）感叹说：泰姬陵是“一滴永恒的泪珠”，“沙·贾汉，你知道，生命和青春，财富和荣耀，都会随光阴流逝，……只有这一颗泪珠，泰姬陵，在岁月长河的流淌里，光彩夺目，永远，永远”。

1983 年泰姬陵被联合国教科文组织列入世界遗产名录，2004 年是泰姬陵建成 350 周年，印度政府把这一年定为“泰姬陵国际年”。

㉛ 根据《圣经 · 创世纪》记载，耶和华上帝按照自己的形象造出了人类的祖先，男的称亚当，女的称夏娃，上帝把第一对男女安置住在伊甸园中，伊甸园在圣经的原文中含义为快乐和愉快的花园，或称乐园。

㉜ 乌斯塔德 · 艾哈迈德 · 拉合里不仅是一位天才的建筑师和高明的工程师，而且是知识渊博的学者，被沙 · 贾汉任命为宫廷首席建筑师，赐号“旷世奇才”(Nadir al-Asr)。

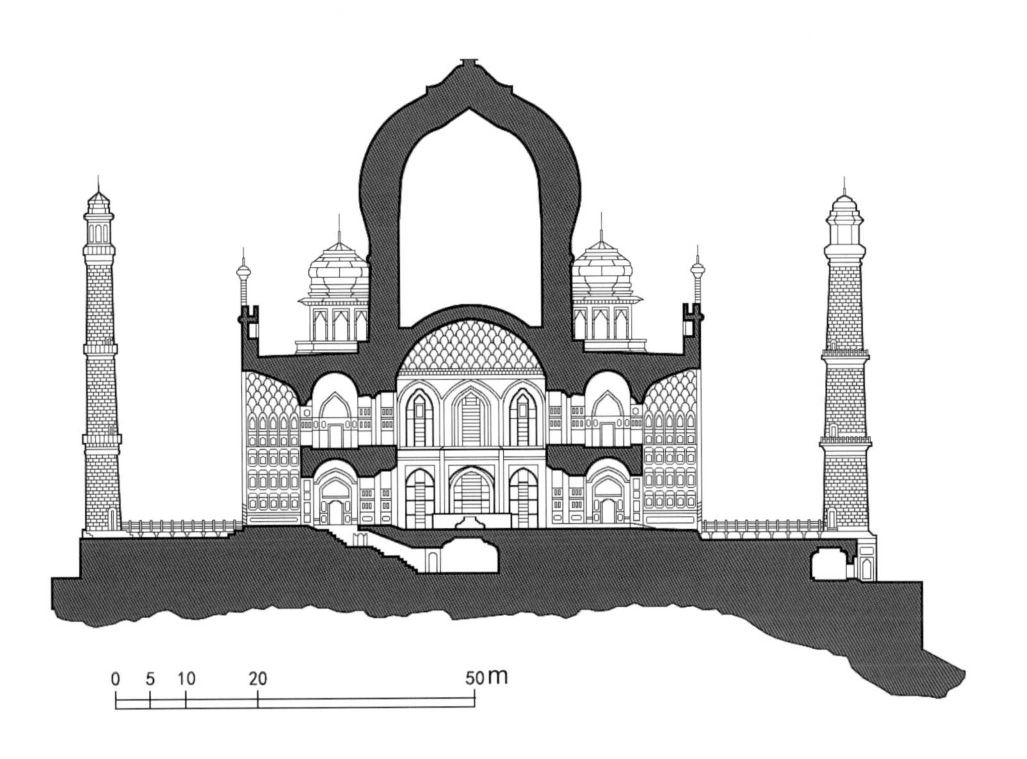

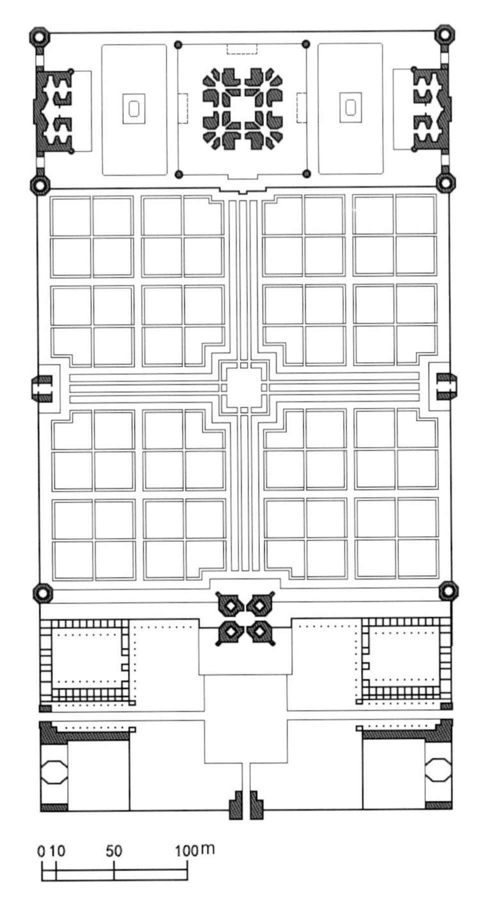

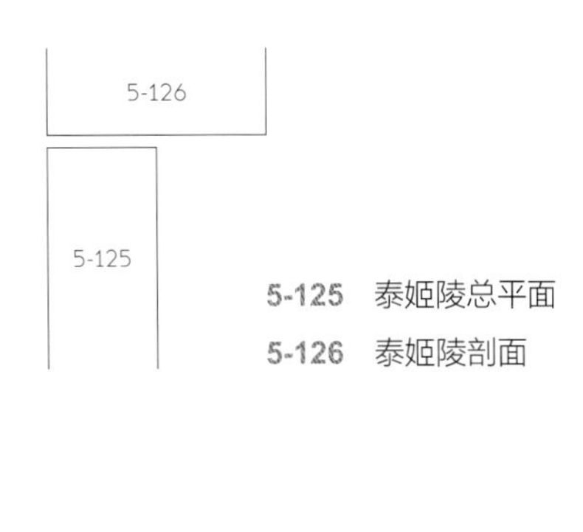

5-125 泰姬陵总平面

5-126 泰姬陵剖面

5-127
5-128
5-129 5-130

5-127 泰姬陵的东门
5-128 泰姬陵东门内通向前院的过渡空间
5-129 从泰姬陵东门内望正门
5-130 从泰姬陵正门前望南门

5-131	5-132
5-133	
5-134	

5-131 泰姬陵正门透视

5-132 从泰姬陵中央水渠望正门

5-133 从泰姬陵前望正门

5-134 从中央水池前望泰姬陵南立面

5-135

5-136 5-138

5-137

5-135 泰姬陵透视

5-136 泰姬陵的屋顶

5-137 泰姬陵大理石外墙装饰

5-138 泰姬陵大理石外墙壁龛

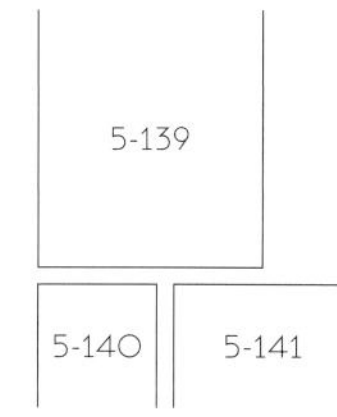

5-139 泰姬陵拱门的装修

5-140 泰姬陵的透空花格方窗

5-141 泰姬陵镶嵌宝石的细部

5-142	5-143
5-144	5-145

5-142 泰姬陵有待修补的镶嵌宝石细部

5-143 泰姬陵的彩色铺地

5-144 泰姬陵水池边缘的雕刻

5-145 泰姬陵的铺地图案

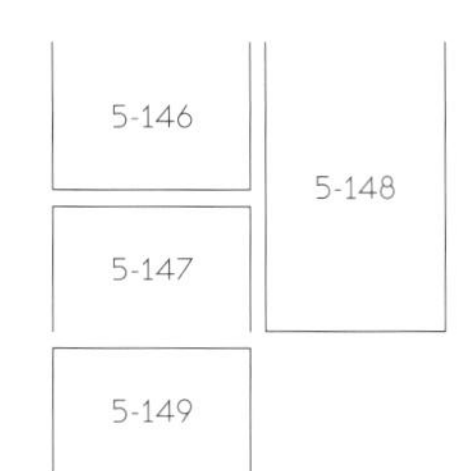

5-146 泰姬陵西侧的清真寺

5-147 泰姬陵东侧与清真寺对应的配殿

5-148 泰姬陵东侧配殿室内典雅的细部装修

5-149 泰姬陵正门西侧的连廊与八角楼

5-150 | 5-151
5-152

5-150 泰姬陵正门西侧的八角殿透视

5-151 远望泰姬陵中央水池西侧尽端的鼓楼

5-152 在阿格拉城堡看到的泰姬陵

6 法塔赫布尔西格里：建筑的兼容与创新

Fatehpur Sikri :
Compatibility and Innovation in Architecture

法塔赫布尔西格里古城位于印度北方邦阿格拉古城西南 36km，是印度历史上重要的城市，1986 年联合国教科文组织将法塔赫布尔西格里列入世界遗产名录。

西格里 (Sikri) 曾经是拉杰普特人的一个小村庄，1527 年莫卧儿王朝的开国皇帝巴伯尔在一次战役中击败拉杰普特人，为了纪念这次胜利，巴伯尔下令在西格里建立一座“胜利花园”(Bagh-i Fathpur or Garden of Victory)。莫卧儿王朝最伟大的皇帝阿克巴于 1571 年开始在西格里兴建新都城，1573 年基本建成，在西格里兴建新都城是萨利姆 · 奇什蒂 (Shaikh Salim Chishti，1480—1572 年) 的启示。[33] 西格里新都城建成后被命名为法塔赫布尔西格里，英语把“法塔赫布尔西格里”译为“胜利之城”（the City of Victory），法塔赫布尔西格里全部建成不到 15 年。由于人口不断增加，水源不足，阿克巴于 1585 年放弃了这座古城，重返阿格拉，法塔赫布尔西格里作为莫卧儿王国的首都只有 14 年的历史。

法塔赫布尔西格里王城建在一片高地上，王城平面近似矩形，矩形的长轴为东北—西南走向，王城三面有高墙围合，西北侧临人工湖，人工湖现已干枯，人工湖的西北是民居。王城周长 6 英里 (约 9.7km)，城墙高 10m，具有较强的防御能力。王城有 9 个城门，从阿格拉方向的来访者须进入东侧的阿格拉城门 (Agra Gate)，据说昔日阿格拉城门内侧路旁有回廊围绕的方形庭院，沿着城内主干道向西南方向前进，将穿越鼓乐门 (Naubat Khana)，每逢国王路过时会有宫廷乐师在鼓乐门奏乐，鼓乐门的内、外沿路两侧是商店和集市，据说集市从阿格拉城门至王宫长达 800m。鼓乐门内，距王宫不远的右侧是造币厂 (Mint)，造币厂的对面是财政部，造币厂和财政部的西南就是王宫。

法塔赫布尔西格里王宫布置在王城的中心，王宫的围墙并不高，似乎是象征性的，来访者须从东侧进入王宫的前院，觐见殿在前院西侧，面向东方，国王宝座的后侧是法塔赫布尔西格里王宫的后宫内院。觐见殿是国王接见百姓和外宾的地方，王宫前院长 115m，宽 60m，四周是回廊，中间是开阔的绿地，节日活动在此举行，国王也常在此欣赏他饲养的动物，尤其是大象。

从王宫前院西北角的侧门可进入后宫，后宫的北端是国王和大臣们议事的枢密殿 (Diwan-i-Khas)，枢密殿是一幢 2 层的平面为正方形的建筑，四面凌空，造型优美，屋顶的四角各有一个拉杰普特式的凉亭。枢密殿的室内非常独特，中央有一根独立支柱，象征宇宙的中心，支柱上有 36 个分向四面八方雕刻精美的牛腿，形成莲花状柱头，独立支柱支撑着二层中央的圆形平台和通向枢密殿内四角的桥廊。枢密殿内有两部楼梯通向二层，楼梯龛在很厚的外墙内，二层室外有一圈外廊。据

[33] 萨利姆 · 奇什蒂被誉为圣人，萨利姆预言阿克巴定有儿子继承帝业，次年预言果然应验，阿克巴喜出望外，决定以圣人的名字为其子命名，同时在西格里兴建都城，西格里是萨利姆的家乡。

说，国王接见众臣时坐在枢密殿独柱和莲花柱头支撑的圆形平台上，大臣坐在二层的四面，贵族站在下面，象征国王可以统治四方。莲花在佛教中是如来佛宝座上的雕刻，莲花在印度教中象征印度教的主神梵天，信奉伊斯兰教的莫卧儿王朝用它支撑国王的宝座。枢密殿西侧是御书房 (Daulat Khana or Ankh Michauli)，莫卧儿王朝很重视教育，御书房转角处布置了一个占星家之亭 (Astrologer’s Seat)，据说，这个装饰优雅的敞亭是为阿克巴信任的一位印度瑜伽师傅 (Indian yugi) 提供的纪念性建筑，敞亭入口精雕细刻的装饰是印度教神庙常用的建筑细部。[34] 御书房、枢密殿与其东端的朝房形成东西向轴线和以枢密殿为中心的院落，枢密殿也是后宫北端的起点。

枢密殿南侧是开阔的后宫内院，内院东侧与觐见殿相通，内院中央有一个小石桌，石桌是国王下棋的地方，地面的图案和石桌的位置显示出印度传统的棋艺 (Chaupar)。穿过后宫内院南侧的一道“断廊”又是另外一个内院，后宫南侧内院中引人注目的方形水池称作莲花池 (Anup Talau)，莲花池中央是正方形平台，平台四面的小桥将水池分成四区，中央平台是国王乘凉的场所，水池四周的台阶逐级下降，大臣和王室成员可以坐在台阶上，国王保持居高临下的地位。后宫的南、北两个内院的处理手法非常微妙，半围半透，功能有别但景观连续。

莲花池南侧是国王的寝宫 (Khass Mahal or Dawlatkhana-i Khass)，又称梦室 (Khwabgah or House of Dream)，3 层的国王寝宫大部分架空，造型活泼，国王的卧室在顶层，视觉开阔。国王寝宫面积较大，功能也相对复杂，不仅有阿克巴的私人图书馆 (khwabgah)，也有他与大臣们进行秘密会议的地方，此外，首层还有他的画室，国王寝宫与枢密殿遥相呼应，形成南北向的中轴线。

莲花池东北角的一幢小巧玲珑的建筑曾经被认为是土耳其王妃的寝宫 (House of Turkish Sultana)，也有人认为是宫内的游廊，似乎作为土耳其王妃的休息厅更为恰当。[35] 王妃休息厅的外廊与西侧平面为 L 形的游廊 (Abdarkhana) 相通，但并不相连，形成“断廊”，这种新颖的设计手法为枢密殿和国王寝宫之间提供了通透的视觉空间。[36] 国王寝宫和土耳其王妃休息厅的东侧是土耳其式的蒸汽浴室，浴室的封闭式高墙作为王妃休息厅连廊的背景，构图别致。

㉞ 对御书房 (Daulat Khana or Ankh Michauli) 有不同的解释，有人认为这组建筑是枢密殿的一部分，也有人认为是王室储藏财宝的地方 (Treasury)。

㉟ 对土耳其王妃寝宫的功能有争议，有人认为这幢建筑作为寝宫似乎太小，应当是与莲花池配套的“游廊”(Hujra-I-Anup Talao)，考虑到附近有土耳其浴室，似乎作为土耳其王妃专用的休息厅更恰当。

㊱ Abdarkhana 最初拟作为学堂 (madrasah)，后改为国王和王室人员饮水、休息的地方，曾经有贮存水果的仓库，似乎译为“游廊”较好。

国王寝宫的北侧是档案室 (Daftar Khana)，档案室与国王寝宫之间形成一个后院。从枢密殿至档案室形成一个南北向的中轴线，沿着中轴线是 4 个风格不同的庭院，空间既有序列又有变化。

五层宫 (Panch Mahal) 布置在沿着南北主轴线的两个内院交接处的西侧，五层宫是王室女眷休闲、聚会的场所。五层宫全部架空，建筑造型呈阶梯状，由下向上逐渐收缩，顶层是个凉亭，在凉亭内可以瞭望城市全貌，五层宫在法塔赫布尔西格里王宫建筑群中起着重要的构图作用。

国王寝宫西侧的乔德 · 巴伊宫 (Raniwas or Jodh Bai’s Mahal) 是王后居住的地方，乔德 · 巴伊是来自拉杰普特的公主。乔德 · 巴伊宫门禁森严，2 层的寝宫围着一个四合院，王后寝宫北侧的建筑称为清风宫 (Hawa Mahal or Palace of Breezes)，清风宫不仅非常凉爽而且可以眺望后宫花园和湖水。乔德 · 巴伊宫被认为是典型的拉杰普特式建筑，也是法塔赫布尔西格里王宫建筑群中最好的“宜居建筑”。乔德 · 巴伊宫的东北方向有一幢名为马里亚姆宫 (Sunahra Makan or House of Maryam) 的 2 层小楼，是王室人员居住的地方，乔德 · 巴伊宫的西北方向有一座 2 层的比巴尔宫 (Birbal’s House)，也称北宫，拉贾 · 比巴尔 (Raja Birbal) 是阿克巴的印度宠臣。[37] 乔德 · 巴伊宫的北侧是后宫花园 (Zenana garden)，花园的西侧是专门为王室女眷建造的清真寺 (Nagina Masjid)，乔德 · 巴伊宫和清真寺之间有石料建造的架空连廊 (stone viaduct)。

王宫的宫女们居住的辅助用房(Harem)设在王宫的西南角，辅助用房三面围合，中间是个多种用途的集市广场。[38] 信仰伊斯兰教的莫卧儿王室成员很重视洗浴，王宫内外有多处浴室和相应的设施。

法塔赫布尔西格里的大清真寺 (Jami Masjid of Fatehpur Sikri) 不仅占据城内的最高点而且是全城的中心，清真寺有 2 个入口，南侧是主入口，东侧是为国王提供的入口，称国王门 (Badshahi Darwaza)。清真寺内院很大，四周连廊环绕，可容纳 1 万多名信徒，清真寺院内的萨利姆 · 奇什蒂陵墓 (Tomb of Salim Chishti) 用白色大理石砌筑，极为典雅。

法塔赫布尔西格里的供水设施完善，不仅有水井、水池，而且还有水厂，水厂为全城供水，水厂旁是规模较大的王室客栈 (Karwan Serai)，客栈临接着花园，此外，法塔赫布尔西格里还有果园、民宅和商业街。

㊲ 也有人认为马里亚姆宫和比巴尔宫是国王另两个王妃的住所。

㊳ 宫女们居住的辅助用房曾被认为是马厩 (Stables)，环廊内的石料圆环本来是为了固定拉动门帘的绳索，也曾被认为是拴马的。中间的广场曾经是宫内的集市广场 (Bazar or Market)，也有人认为是驯马的广场，或许兼有多种功能。

法塔赫布尔西格里的建筑布局以印度的传统建筑理论为基础，例如王宫入口设在东侧，主体建筑朝北，建筑物中心有内院等等，少数建筑平面几乎完全按照曼荼罗的图形布局。值得赞赏的是法塔赫布尔西格里的城市规划和建筑设计并没有拘泥于印度建筑传统，建筑造型与空间处理非常灵活，近似西方现代建筑的抽象构图。法塔赫布尔西格里的建筑风格是在拉杰普特建筑风格的基础上融合了伊斯兰建筑特征，古朴典雅，尺度宜人。法塔赫布尔西格里是在阿克巴直接指导下建成的，是莫卧儿王朝首次建造的大型建筑群，堪称建筑精品，据英国旅行者拉尔夫·菲奇 (Ralph Fitch) 在 1585 年的描绘：法塔赫布尔西格里比那个时代的伦敦还大。[39]

印度古代建筑最辉煌的时代当属莫卧儿王朝，多数建筑史书都把泰姬陵推举为莫卧儿王朝最杰出的建筑，甚至认为是伊斯兰建筑中的珍珠，若从建筑学角度深入分析，似乎法塔赫布尔西格里王宫更值得研究。泰姬陵在建筑艺术方面确实是伊斯兰建筑的精华，由于过分追求对称布局，功能方面并不合理。例如陵墓东西两侧有完全对称的两幢建筑，西侧是清真寺，东侧配殿却没有明确功能，陵墓平台四角的圆柱形高塔似乎也仅仅是建筑艺术的需要，泰姬陵建筑比例之优美几乎无懈可击，陵墓南侧莫卧儿式的花园也很得体，但是陪衬着大量的辅助建筑过于铺张，很难作为纪念性建筑的典范。

法塔赫布尔西格里王宫是全面优秀的范例，是建筑艺术、建筑功能与建筑技术完美结合的范例。法塔赫布尔西格里王宫的成功完全归功于阿克巴，归功于阿克巴创造性的设计思想。法塔赫布尔西格里王宫与以往的任何帝国王宫都不同，阿克巴并不追求威严和雄伟，更不希望建造碉堡式的宫殿，他希望建造尺度宜人、生活舒适和功能完善的王宫。根据史料记载，法塔赫布尔西格里建成后，1573—1585 年阿克巴一直住在这座新城，却没有明确把它作为都城，虽然继续保留着阿格拉的地位，也没有把阿格拉作为都城，1585 年阿克巴离开法塔赫布尔西格里后，并没有回到阿格拉，而是选择了拉合尔 (Lahore)，阿克巴在位 50 年，从未明确永久性的都城，正如他的宠臣们所言：阿克巴在哪里，哪里就是王朝的都城。

法塔赫布尔西格里王宫的建筑布局没有遵循任何清规戒律，虽然没有采用严格对称的设计手法，却充分突显了阿克巴的个人权威和宇宙中的绝对主宰。从枢密殿、国王寝宫至档案室形成的南北向中轴线显示了以国王为中心的设计思想，枢密殿中央的独立支柱支撑着阿克巴的圆形宝座，莲花池中央为阿克巴设置的正方形休息平台进一步强化了阿克巴在宇宙中的地位。中轴线两侧的布局虽然并不对称却保持一种动态的均衡，东侧以觐见殿为中心形成东西向辅助轴线，西侧以乔德·巴伊

㊴ Francis Watson. India: A concise History[M]. London: Thames & Hudson, 2002: 114.

宫为中心形成南北向的辅助轴线，遥相呼应，莲花池、马里亚姆宫和比巴尔宫 形成的东西向轴线又把两个南北向的轴线联结在一起，加强了体形组合的规律性。

法塔赫布尔西格里王宫的功能分区很明确，东侧为国王和政务服务，西侧为王后和后宫生活服务，重点建筑的功能是固定的，如国王的觐见殿、枢密殿以及国王和王后的寝宫等，一些次要的建筑物在功能方面保留了适当的灵活性，例如原来想作为学堂的 Abdarkhana 后来改成了游廊，这些功能较为灵活的建筑也常引起争议，众说纷纭。全面分析阿克巴的思想和工作，才可能得出较为正确的结论，例如枢密殿旁的御书房应当是枢密殿的一部分，据相关文字记载，阿克巴经常与大臣议事，礼贤下士，不可能经常坐在枢密殿独柱支撑的圆形宝座上与群臣议事，不仅不近人情，也不舒适，似乎枢密殿仅仅是象征性的建筑，或许在重大节日时使用，甚至根本不使用，阿克巴时代下留下许多描绘宫廷生活的绘画，也没有看到阿克巴坐在独柱上的场景。从建筑布局也能分析出，御书房和枢密殿应当是功能联系较多的一组建筑，既可议事也可读书、藏宝，据说，阿克巴喜欢读书，出征时也带着书。

法塔赫布尔西格里王宫的建筑风格有明显的地域特色，建筑材料选用当地的红色砂岩，经济实用，为建筑风格统一奠定基础。印度属亚热带气候，西格里的冬季也不冷，大部分宫殿均为开敞式建筑，每幢建筑仅有少部分进行私密活动的房间是封闭的，体形丰富、空间多变的开敞式建筑群是法塔赫布尔西格里王宫建筑风格的特征，初访者往往会误以为进入了“红色公园”。

法塔赫布尔西格里王宫建筑的另一个特点是“包容性”，莫卧儿王朝虽然信奉伊斯兰教，阿克巴却没有排斥来自各方的文化影响，也没有机械地模仿任何一种建筑模式，例如觐见殿的主入口朝向东方，遵循了印度传统建筑理论而没有沿用印度传统建筑模式。凉亭是拉杰普特建筑的重要标志，凉亭在拉杰普特建筑中广泛运用。凉亭在法塔赫布尔西格里王宫中仅仅运用在重点建筑物的重点部位，例如枢密殿屋顶的四角，五层宫的顶部，乔德·巴伊宫的入口以及清真寺的入口和四周回廊的顶部，凉亭的穹顶涂成白色，在红色砂岩砌筑的建筑群中格外醒目。法塔赫布尔西格里王宫的建筑细部处理博采众长，尤其是屋顶檐口的处理，檐口处理较多地吸收了拉杰普特建筑的简洁做法，同时也可以看到波斯建筑、中亚建筑和伊斯兰建筑的细部设计。

法塔赫布尔西格里王宫的空间处理非常细腻，接近现代建筑的动态平衡 (Dynamic Balance) 视觉艺术理论，印度传统建筑理论重视内院（Court），根据曼荼罗图形，一组建筑的中心部分应当是开敞的空间，法塔赫布尔西格里王宫仅仅在王后居住的乔德·巴伊宫保留了这种模式，其他部分的空间处理则灵活多变。枢密殿、国王寝宫至档案室的空间序列变化最为突出，枢密殿布置在内院的中心，四周开敞，枢密殿南侧是更加开敞的“棋弈”空间，由于断廊的处理使“棋弈”空间和莲花池的休闲空间保持着视觉的连续，国王寝宫和档案室之间的空间相对封闭，是功能的特殊需要。

法塔赫布尔西格里王宫很重视景观设计，五层宫、觐见殿、枢密殿、莲花池和国王寝宫是王宫中的主要景点，五层宫则是景观规划中的视觉焦点，占星家之亭、土耳其王妃休息厅和游廊是次要景点，主要景点与次要景点相辅相成，形成“步移景异”的效果，无论从王宫中哪个角度观察，都会看到完美的景观，一种动态的视觉平衡和艺术享受。法塔赫布尔西格里王宫的地面处理对空间变化和景观设计起着重要的作用，从觐见殿至档案室的几个内院不仅有高低变化，铺地也各有不同。觐见殿前后内院的地面均以绿化为主，并且有明显的东西向轴线，枢密殿一组建筑以方砖铺地为主，也有明显的东西向轴线。国王下棋的中部内院则模仿棋盘的形式进行铺地，据相关资料介绍莫卧儿王室下棋是以宫女为棋子，内院地面是棋盘。以莲花池为中心的休闲内院以水景为主，台阶围绕着水池，档案室前又再次见到绿地，仔细观察本书的图片，会发现法塔赫布尔西格里王宫空间的微妙变化 。

有人把法塔赫布尔西格里王宫比作一组“文化中心”，一方面因为阿克巴热衷文化艺术，经常召集众臣讨论艺术问题，并且勤奋地学习绘画和书法，另一方面是法塔赫布尔西格里王宫建筑群本身就像是一组文化中心建筑。据阿克巴的宠臣阿布勒·法兹勒 (Abu’l Fazl) 回忆，阿克巴非常热爱建筑，亲自细心指导王宫的建筑设计，学习绘画也是出于对建筑的热爱。[40] 阿克巴指导下的建筑成果不仅载入了建筑史册，甚至在《简明不列颠百科全书》中也有一条“阿克巴时代建筑”(Akbar Period Architecture)。

虽然法塔赫布尔西格里、阿格拉城堡和德里红堡均被列入世界遗产名录，但是从学术角度审视，法塔赫布尔西格里的学术水平远远超过后者。法塔赫布尔西格里是在阿克巴直接指导下建成，阿克巴既是设计者又是“业主”，他既有政治远见又有艺术修养，王宫的建设周期也仅有 3 年，能够完整地体现了原有设计意图。法塔赫布尔西格里是世界建筑史上难得的优秀范例，至今保护完好，唯一的遗憾是事先对场址的勘测工作不充分，以致因水源不足不得不最后放弃。对比之下，阿格拉城堡和德里红堡虽然很雄伟，部分单体建筑颇有创新，许多细部处理也很精彩，却很难令人流连忘返。究其原因，主要是后继皇帝的艺术水平不如阿克巴，沙·贾汉虽有才华，但思想境界不如阿克巴，奥朗则布就更差了，他在德里红堡建造的珍珠清真寺内墙扭转了一个很小的角度，为了保证祈祷时准确地朝向麦加，外墙则仍然与红堡内其他建筑方向一致，这种设计构思并不高明，必要性也不大。阿格拉城

㊵ Michael Brand and Glenn D. Lowry(Eds). Fatehpur-Sikri(International Symposium on Fatehpur-Sikri, Harvard University,1985)[M].Bombay: Marg Publications, 1987:150.

堡内的建筑没有按照统一的坐标格网，建筑的空间关系也很好，德里红堡虽然有不少地方令人赞赏，似乎看一次也就够了，但是看过法塔赫布尔西格里后，总会想再看一遍或更多遍，因为人们会不断地从中得到启示。

阿克巴不仅在建筑设计方面有“宽容”的思想，在政治和宗教方面也同样持宽容态度。阿克巴在政治上的宽容突出地表现在废除了对印度教徒征收人头税，因为对非穆斯林征收“人头税”一直是穆斯林政权的传统。阿克巴在位期间，致力于在宗教方面追求真理，试图创造一种能够包容各种宗教思想的新教，他不停地与各方面宗教人士讨论，包括伊斯兰教、印度教、基督教、耆那教和拜火教(Zoroastrianism)，这种讨论有时甚至持续到深夜，1582 年，阿克巴终于形成了以“宽容”为核心的宗教思想，他把自己的宗教思想称为“美的信仰”(Din-I Ilahi or Divine Faith)。[41] “美的信仰”像是一种伦理学说，它认为：“虔诚、审慎和仁慈是一种美德，灵魂的净化通过对真主的思念，独身应受到尊重，禁止屠宰动物”等等，也有人认为阿克巴的宽容思想是一种怀柔政策。阿克巴在印度历史上影响很大，他的声望仅次于孔雀王朝的阿育王。

纵观印度古代建筑的发展，多元文化的融合似乎是印度古代建筑的重要特征。以印度的中世纪建筑为例，印度北方的拉杰普特建筑代表了印度传统文化和传统建筑理论的延续，莫卧儿王朝带着伊斯兰文化进入印度，虽然莫卧儿王朝在政治上占据统治地位，却无法排斥印度的传统文化和艺术。以阿克巴为代表的统治者明智地选择了多元文化融合的道路，在建筑学方面创造了以法塔赫布尔西格里为代表的重要成就，法塔赫布尔西格里王宫既说明了创新的重要性，也说明了继承和兼容的必要性，创新应当是在继承和兼容基础上的创新。

㊶ Michael Brand and Glenn D. Lowry (Eds). Fatehpur-Sikri (International Symposium on Fatehpur-Sikri, Harvard University,1985)[M].Bombay: Marg Publications, 1987:195.

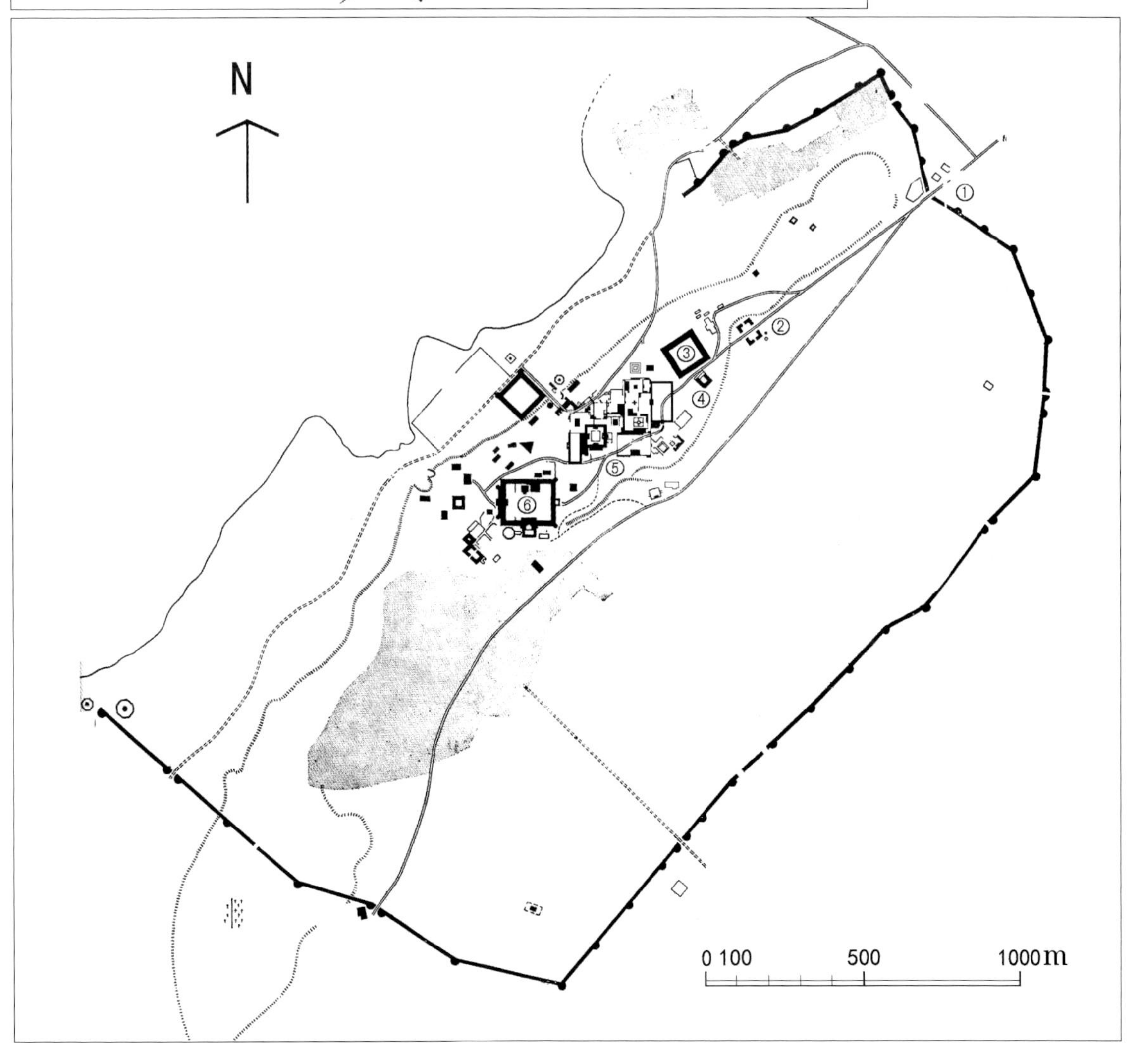

6-1 法塔赫布尔西格里城市总平面

1- 王宫；2- 王城；3- 城市民居

6-2 法塔赫布尔西格里王城平面

1- 阿格拉城门；2- 鼓乐门；3- 造币厂；4- 财政部；5- 王宫；6- 法塔赫布尔西格里的大清真寺

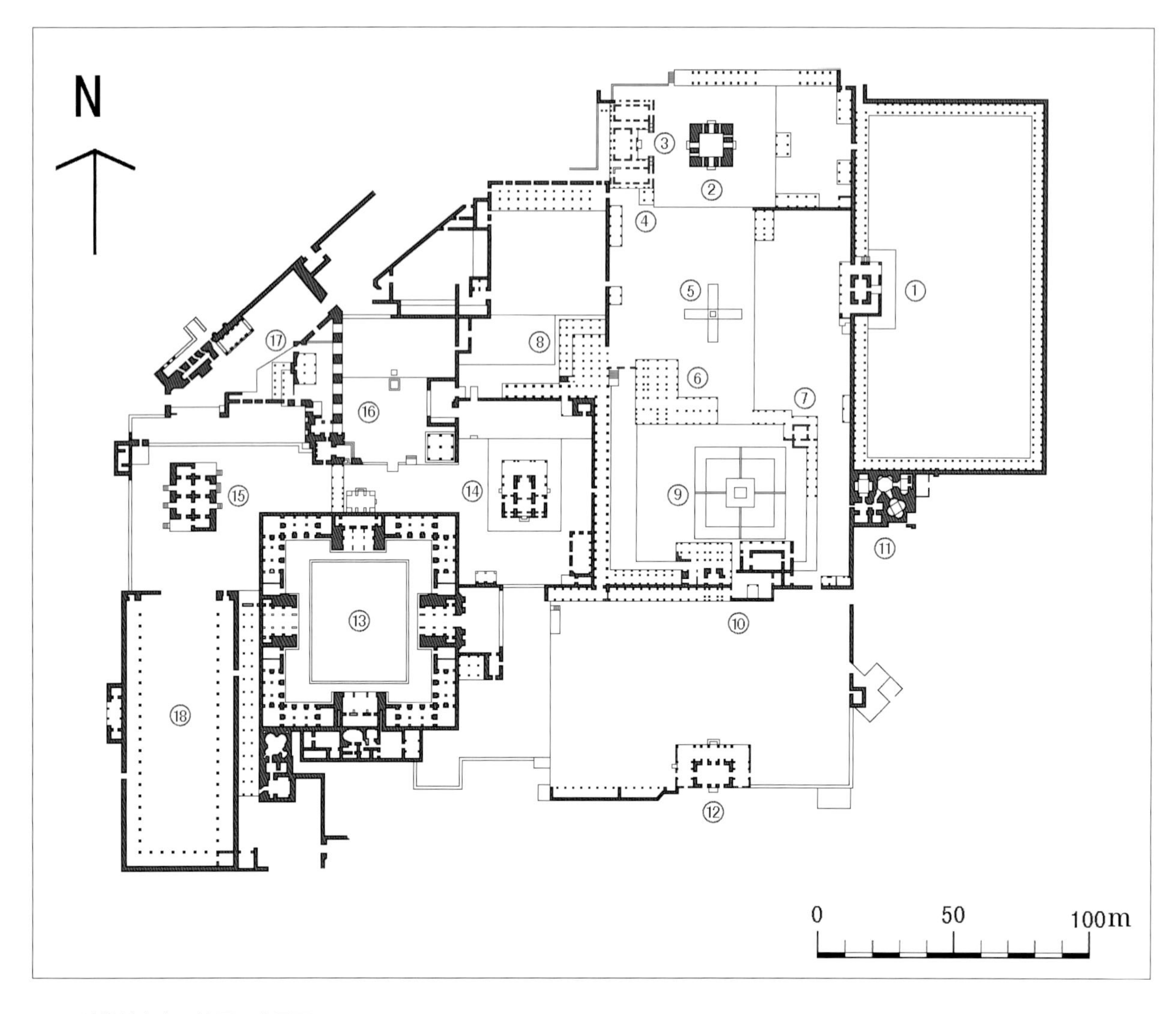

6-3 法塔赫布尔西格里王宫平面

1- 觐见殿；2- 枢密殿；3- 御书房；4- 占星家之亭；5- 国王下棋的方桌；6- 游廊；7- 土耳其王妃休息厅；8- 五层宫；9- 莲花池；10- 国王寝宫；11- 土耳其浴室；12- 档案室；13- 乔德 · 巴伊宫；14- 密里宫；15- 比尔巴尔宫；16- 后宫花园；17- 后宫清真寺；18- 王宫集市广场

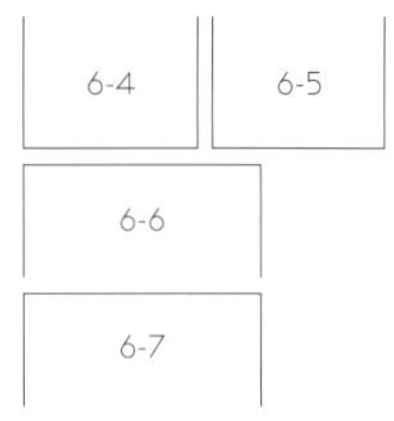

6-4 从法塔赫布尔西格里王宫前院望觐见殿

6-5 法塔赫布尔西格里王宫觐见殿透视

6-6 法塔赫布尔西格里王宫前院

6-7 从法塔赫布尔西格里王宫后院望觐见殿

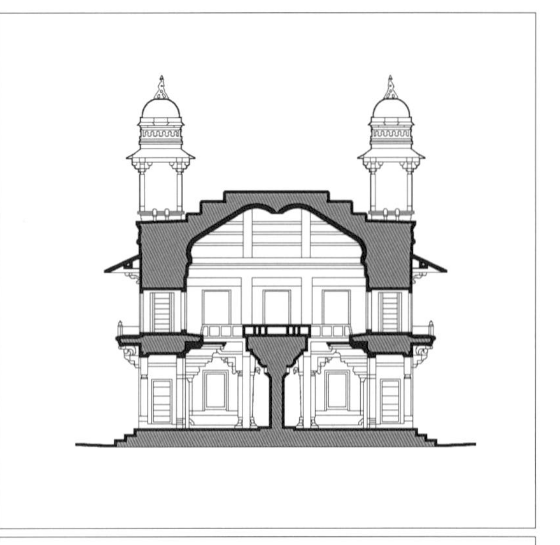

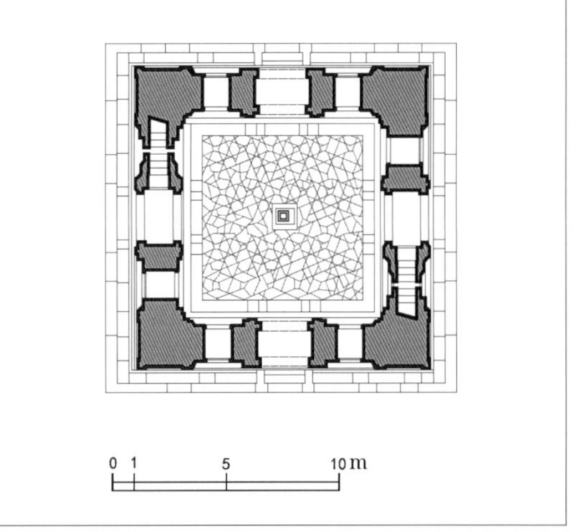

6-8	6-11
6-9	6-12
6-10	

6-8 法塔赫布尔西格里王宫觐见殿后院的排水池

6-9 法塔赫布尔西格里王宫沿南北向中轴线的铺地与方桌

6-10 法塔赫布尔西格里王宫枢密殿南立面

6-11 法塔赫布尔西格里王宫枢密殿剖面

6-12 法塔赫布尔西格里王宫枢密殿平面

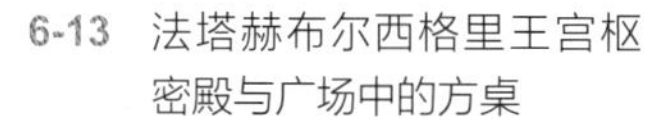

6-13 法塔赫布尔西格里王宫枢密殿与广场中的方桌

6-14 法塔赫布尔西格里王宫的枢密殿与御书房

6-15 法塔赫布尔西格里王宫枢密殿二层挑台下的牛腿

6-16 法塔赫布尔西格里王宫枢密殿内中央的独柱

6-17 法塔赫布尔西格里王宫枢密殿的独柱支撑着国王圆形宝座

6-18 法塔赫布尔西格里王宫枢密殿室内二层的斜梁

6-19 法塔赫布尔西格里王宫枢密殿室内转角处的石雕牛腿

6-20	6-21
6-23	6-22

6-20 法塔赫布尔西格里王宫枢密殿的透空窗格

6-21 法塔赫布尔西格里王宫的御书房

6-22 法塔赫布尔西格里王宫御书房前的占星家之亭

6-23 法塔赫布尔西格里王宫御书房的连廊

6-24 法塔赫布尔西格里王宫御书房的观景窗

6-25 从法塔赫布尔西格里王宫的占星家之亭望五层宫

6-26 法塔赫布尔西格里王宫五层宫的立面

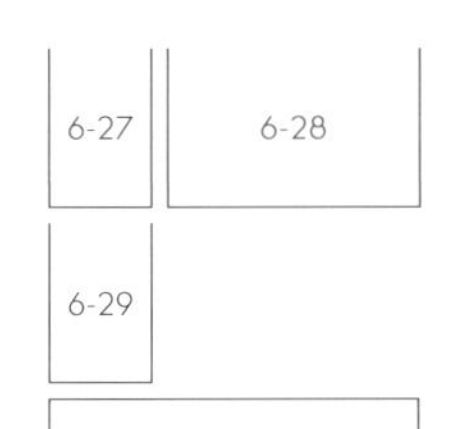

6-27 从后侧望法塔赫布尔西格里王宫的五层宫

6-28 法塔赫布尔西格里王宫五层宫的室外楼梯

6-29 从法塔赫布尔西格里王宫的五层宫前望御书房

6-30 透视法塔赫布尔西格里王宫的五层宫与游廊

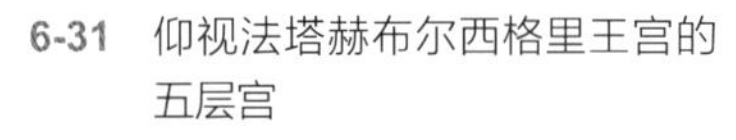

6-31 仰视法塔赫布尔西格里王宫的五层宫

6-32 法塔赫布尔西格里王宫五层宫的排水系统

6-33 隔着法塔赫布尔西格里王宫的游廊望枢密殿

6-34 从法塔赫布尔西格里王宫“断廊”的一侧望游廊

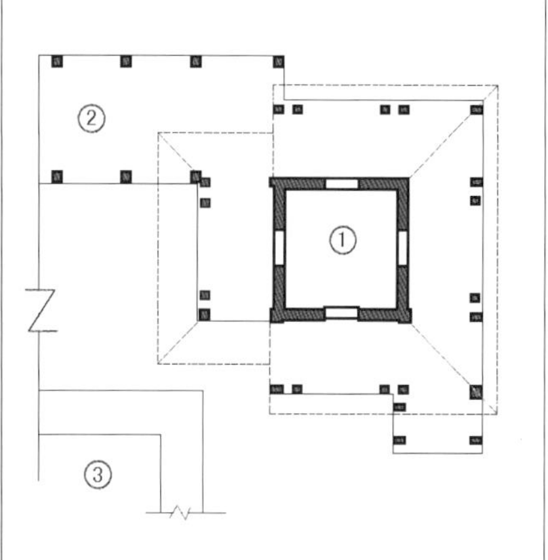

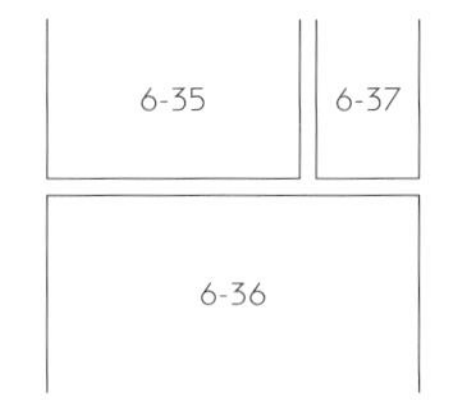

6-35 从法塔赫布尔西格里王宫“断廊”处望枢密殿与御书房

6-36 法塔赫布尔西格里王宫的土耳其王休息厅与莲花池

6-37 法塔赫布尔西格里王宫土耳其王妃休息厅平面

1- 王妃休息厅；2- 断廊；3- 莲花池

6-38	6-40
6-39	
6-41	6-42

6-38 法塔赫布尔西格里王宫的土耳其王妃休息厅与“断廊”

6-39 法塔赫布尔西格里王宫“断廊”与土耳其王妃休息厅的组合

6-40 法塔赫布尔西格里王宫土耳其王妃休息厅立柱细部

6-41 法塔赫布尔西格里王宫“断廊”的檐口细部

6-42 法塔赫布尔西格里王宫莲花池、墙架与土耳其浴室的构图组合

6-43 法塔赫布尔西格里王宫的国王寝宫透视

6-44 法塔赫布尔西格里王宫的国王寝宫与莲花池

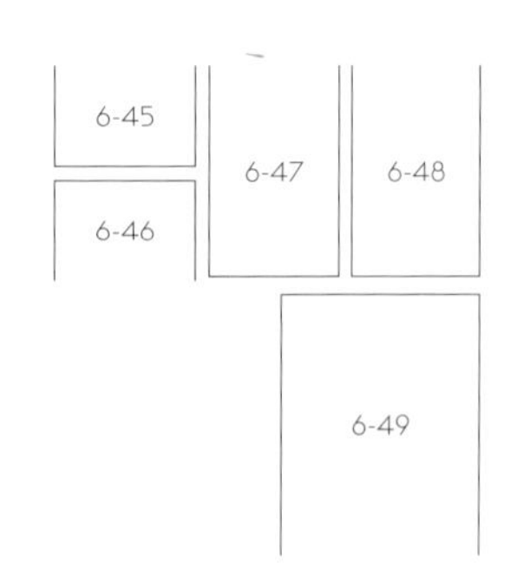

6-45 从法塔赫布尔西格里王宫“断廊”间望国王寝宫

6-46 法塔赫布尔西格里王宫国王寝宫下的支柱

6-47 法塔赫布尔西格里王宫国王寝宫的楼梯

6-48 法塔赫布尔西格里王宫国王寝宫楼梯的休息平台

6-49 法塔赫布尔西格里王宫国王寝宫的结构细部

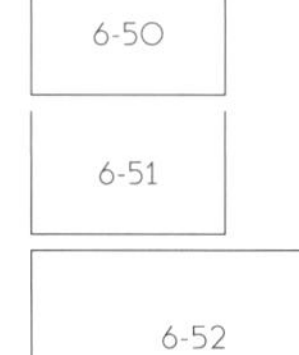

6-50 从法塔赫布尔西格里王宫国王寝宫底层望莲花池

6-51 从法塔赫布尔西格里王宫国王寝宫底层望莲花池与枢密殿

6-52 从法塔赫布尔西格里王宫国王寝宫前望枢密殿

6-53	6-54
	6-55
	6-56

6-53 法塔赫布尔西格里王宫国王寝宫后侧透视

6-54 法塔赫布尔西格里王宫的马里亚姆宫

6-55 从法塔赫布尔西格里王宫的马里亚姆宫望五层楼

6-56 法塔赫布尔西格里王宫的乔德·巴伊宫

6-57	6-58
6-59	
6-60	

6-57 法塔赫布尔西格里王宫的乔德·巴伊宫转角透视

6-58 法塔赫布尔西格里王宫乔德·巴伊宫入口门廊

6-59 法塔赫布尔西格里王宫乔德·巴伊宫的清风宫

6-60 从法塔赫布尔西格里王宫乔德·巴伊宫内院望入口

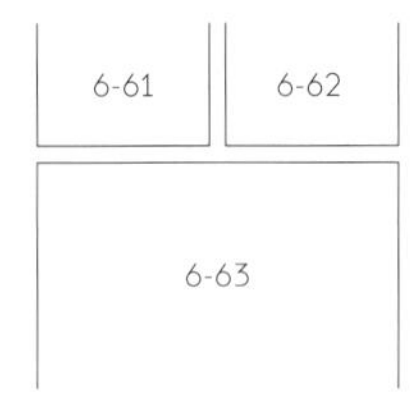

6-61 法塔赫布尔西格里王宫的乔德 · 巴伊宫内院

6-62 法塔赫布尔西格里王宫的乔德 · 巴伊宫回廊檐部

6-63 从法塔赫布尔西格里王宫集市广场望比巴尔宫

6-64	6-65
6-66	6-67
6-68	6-69

6-64 从法塔赫布尔西格里王宫的集市回廊内望集市广场

6-65 法塔赫布尔西格里王宫集市广场回廊内透视

6-66 从法塔赫布尔西格里王宫集市广场望回廊及乔德·巴伊宫

6-67 法塔赫布尔西格里王宫的比巴尔宫透视

6-68 法塔赫布尔西格里王宫的比巴尔宫入口细部

6-69 法塔赫布尔西格里王宫内的集市广场

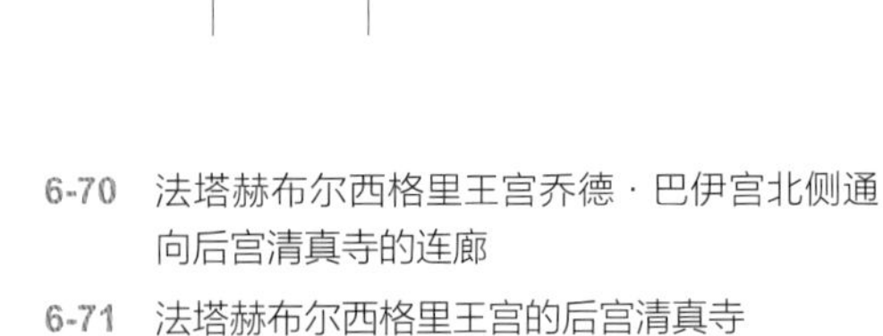

6-70 法塔赫布尔西格里王宫乔德·巴伊宫北侧通向后宫清真寺的连廊

6-71 法塔赫布尔西格里王宫的后宫清真寺

6-72 法塔赫布尔西格里王宫后宫清真寺东侧

6-73 法塔赫布尔西格里王宫中观景的鹦鹉

6-74 远望法塔赫布尔西格里大清真寺的国王门

6-75 6-76
6-77
6-78

6-75 法塔赫布尔西格里大清真寺主入口立面

6-76 法塔赫布尔西格里大清真寺主入口在内院的倒影

6-77 从法塔赫布尔西格里大清真寺内院望主入口和国王门

6-78 法塔赫布尔西格里大清真寺内院望国王门和萨利姆·奇什蒂陵墓

6-79

6-80

6-81

6-79 法塔赫布尔西格里大清真寺的萨利姆·奇什蒂陵墓

6-80 法塔赫布尔西格里大清真寺日落景色

6-81 法塔赫布尔西格里王宫的鼓乐门

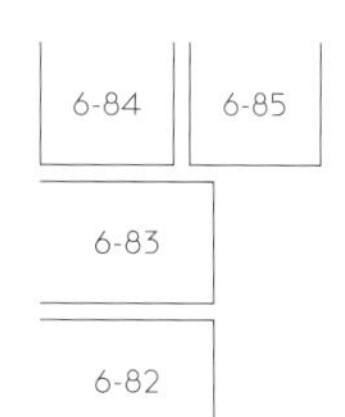

6-82 法塔赫布尔西格里王宫的土耳其浴室

6-83 法塔赫布尔西格里王宫的造币厂

6-84 绘画中的法塔赫布尔西格里王宫建造场景

6-85 绘画中的阿克巴在法塔赫布尔西格里王宫主持讨论宗教思想

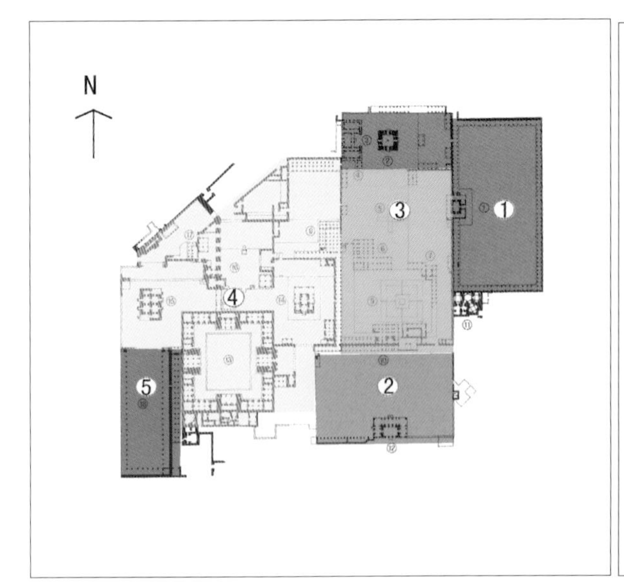

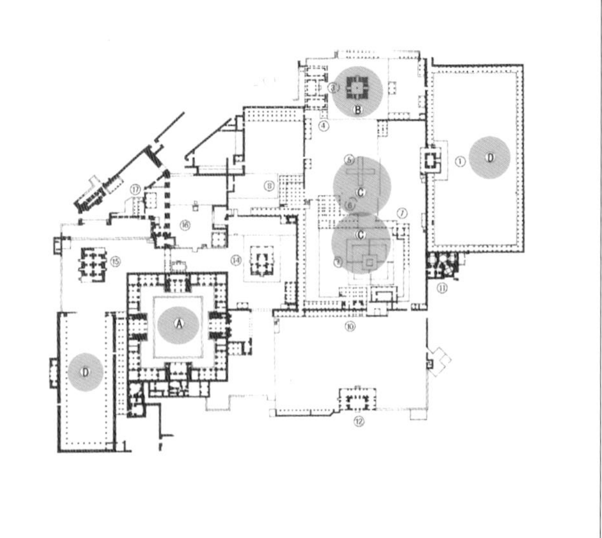

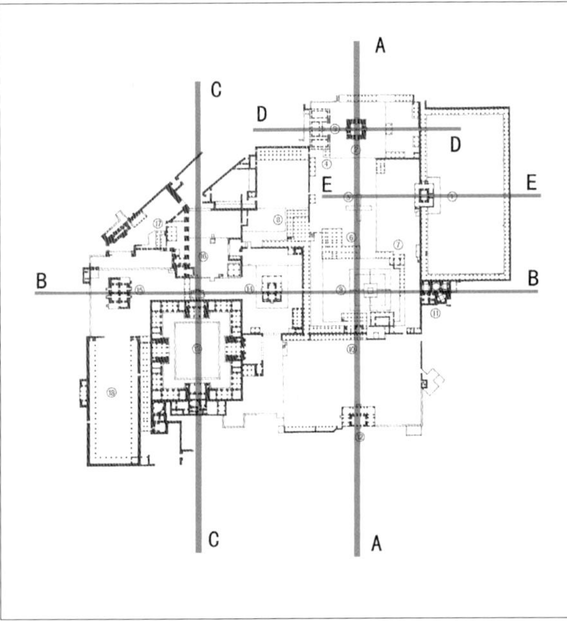

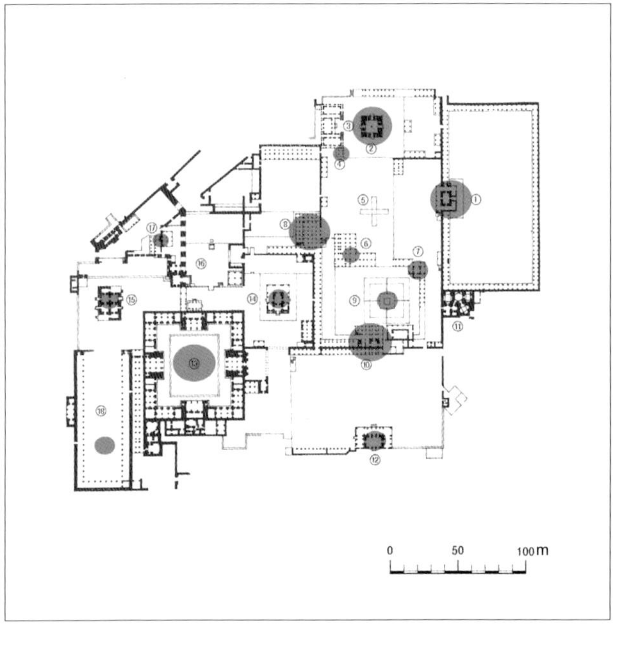

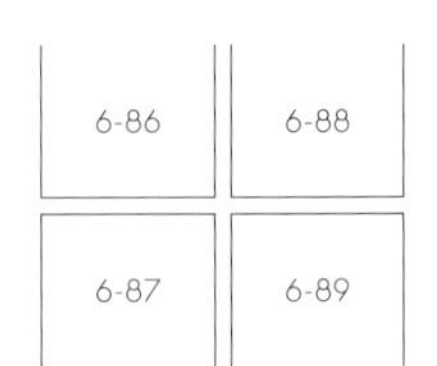

6-86 法塔赫布尔西格里王宫的功能分区

1- 国王办公区；2- 国王办公辅助区；3- 国王休息居住区；

4- 王后及后宫人员居住区；5- 王宫生活辅助区

6-87 法塔赫布尔西格里王宫的轴线分析

A- 纵向主轴线；B- 横向主轴承；C- 纵向次轴线；D/E- 横向次轴线

6-88 法塔赫布尔西格里王宫的空间分析

A- 印度传统内院；B- 主体建筑在中心的内院；C- 半围半透的内院；
D- 环廊围合的内院

6-89 法塔赫布尔西格里王宫的主、次景点分布

分析图中各幢建筑物的名称见本书 194 页的图 6-3

后记
Postscript

有人说“建筑学是石头铸造的书”，这种提法形容印度古建最为确切，但是写完了石头铸造的书总感到还缺了些东西，那就是印度历史悠久的风土人情。两次访问印度，留下深刻印象，不仅印度的古代建筑保护很好，印度传统的风俗习惯也仍然延续，仿佛在有意保护非物质文化遗产。在印度印象最深的有3点，一是恒河沐浴，二是妇女披在身上的纱丽 (sari)，三是街上游逛的“神牛”。

恒河是印度的母亲河，沐浴恒河不仅是印度教徒一生的夙愿，也是多数印度人的愿望。瓦拉纳西是印度的圣城，似乎到了印度就必须去拜访一下这个圣城，亲自目睹沐浴恒河的盛况。人们必须在太阳尚未升起时抵达河边，河岸上人群熙攘，登上一条小船，缓慢地渡向河心，等待旭日的升起。瓦拉纳西最具活力的地方就是恒河码头，瓦拉纳西大约有100多个码头，宽敞的石阶沿着西侧河堤伸展，沐浴的人们多为中老年，神态虔诚。恒河岸边焚尸也是印度的一种传统，我国有人对此持有非议，似乎有些少见多怪，火葬是一种普及的葬礼，只不过印度人选择的地点与众不同。

瓦拉纳西有不少神庙，印度之母庙最为特殊。印度之母 (Bhārat Mātā or Mother India) 是将爱国主义人格化的一种独特构思，印度之母庙供奉印度之母女神，庙内有一幅用大理石雕刻的全印度地势模型，尺度很大，约有一个篮球场的大小。印度地势模型旁悬挂着大幅画像，画像是人们想象中的印度之母女神，女神身着红色纱丽，佩戴珠宝，头部的背景是燃烧着的火焰，脚下是印度地图的剪影，女神左手持红旗，右侧伴着雄狮，神采奕奕，是一幅传统与现代相结合的绘画。[42]

印度妇女的纱丽既美观又潇洒，纱丽是印度妇女披裹在身上的一种卷布，色彩鲜艳，造型优美，这种着装方式似乎突破了“量体裁衣”的清规戒律，更令人欣赏的是印度老年男女的衣着不亚于青年人。

印度人对牛视若神圣，街上的牛大摇大摆，汽车为之让路，我原以为这是对牛的一种“放养”方式，其实街上的是“流浪牛”，大量的牛还是在辛勤工作，少数不能承担繁重工作的牛被主人放养，流浪街头，我曾经见到过有些流浪牛在垃圾箱旁吃废纸箱，以草为原料制成的纸箱似乎是流浪牛不错的食品。

虽然去过2次印度，却未能亲赴石窟现场，感到有些遗憾，幸亏李璐珂拍摄的照片很全，但愿以后有机会能补上这个缺憾。

---

[42] 印度之母的构思源自19世纪后期的印度独立运动，1882年在一篇小说中提出过这种想法，建立印度之母庙是1936年印度圣雄甘地的建议。印度独立后，由两位古物收藏家捐款，建造了这座神庙，圣雄甘地曾说过：我希望这座庙为各种信仰的人、各阶级的人服务，包括贱民，促进宗教的统一，和平和国家中的友爱。印度之母庙高约55m，共有8层，大理石雕刻的全印度地形图在首层，地图上面有高大的空间，3层回廊环绕。首层回廊向那些献身于保持和增强印度母亲荣誉的所有勇敢的儿子和女儿们致敬，二楼展示荣耀的印度妇女和神圣的印度婚姻，三楼阐述了印度哲学思想，四楼则突出体现了各种宗教信仰在印度和谐共存，五楼歌颂了印度母亲历尽险难，拯救世人的伟大功德，六楼供奉着毗湿努，七楼供奉湿婆，八楼提供了一个观望喜马拉雅壮丽山景的平台。

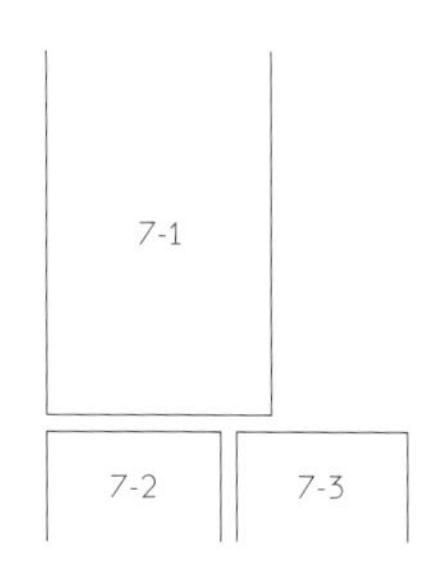

7-1 印度恒河日出

7-2 印度恒河日出前的码头

7-3 恒河码头等待租船的游客

7-4

7-5

7-4 恒河沐浴的人群

7-5 恒河岸边洗衣的人群

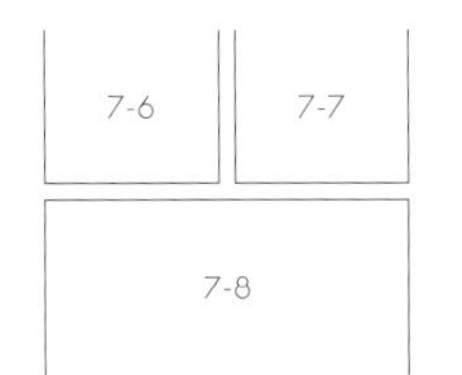

7-6 恒河虔诚的沐浴者

7-7 恒河沐浴后的归途

7-8 恒河岸边洗衣的老人

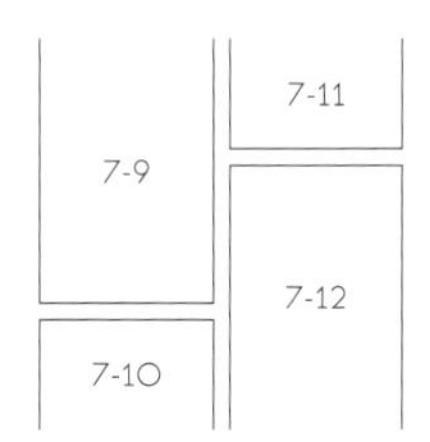

7-9 印度恒河岸边的“卫士”

7-10 印度恒河岸边的教徒

7-11 印度之母庙中的全印度地势模型

7-12 站在印度地图上的印度之母女神

7-13

7-14

7-13 恒河岸边清晨的炊烟

7-14 印度沿街的餐馆

7-15

7-16　7-17

7-15　面部涂彩的耆那教徒

7-16　看守王宫的老人

7-17　神庙龛前的老者

7-18 7-19

7-20

7-18 守护印度教神龛的老人

7-19 王宫内的清洁工

7-20 相依为伴

7-21 7-22
7-23

7-21 王宫服务员的背影

7-22 印度舞蹈演员在神庙前练功

7-23 印度下层社会妇女的繁重劳动

7-24 玩蛇的艺人
7-25 霸道的牛爷
7-26 神庙前的“守护牛”
7-27 王宫中的幸福一家

参考文献 Select Bibliography

[1] Christopher Tadgell. The History of Architecture in India: From the Dawn of Civilization to the End of the Raj[M]. London: Phaidon Press Limited, 1990.

[2] Ramprakash Mathur. Architecture of India: Ancient to Modern[M]. New Delhi: Murari Lal & Sons, 2006.

[3] Prabhakar V. Begde. Forts and Palaces of India[M]. New Delhi: Sagar Publications, 1982.

[4] George Michell. The Royal Palaces of India[M]. London: Thames and Hudson, 1994.

[5] Michael Brand and Glenn D. Lowry(Eds). Fatehpur-Sikri(International Symposium on Fatehpur-Sikri,Harvard University,1985) [M].Bombay: Marg Publications, 1987.

[6] Abha Narain Lambah and Alka Patel (editor). The Architecture of The India Sultanates[M]. Mumbai: Marg Publication, 2006.

[7] Dr. Surendra Sahai. Indian Architecture: Hindu, Buddhist and Jain[M]. New Delhi: Prakash Books India (P)Ltd. 2006.

[8] Satish Grover. The Architecture of India: Buddhist and Hindu[M]. Ghaziabad: Vikas Publishing House Pvt Ltd., 1980.

[9] Francis Watson. India: A Concise History[M]. London: Thames and Hudson, 2002.

[10] Denise Patry Leidy and Robert A. F. Thurman. Mandala: The Architecture of Enlightenment[M]. New York: Thames and Hudson, 1998.

[11] Andreas Volwahsen. Cosmic Architecture in India: The Astronomical Monuments of Maharaja Jai Singh Ⅱ [M]. Munich: Prestel-Verlag,2001.

[12] Vibhuti Sachdev and Giles Tillotson. Building Jaipur: The Making of an Indian City[M]. London: Reakton Books LTD., 2002.

[13] Morna Livingston. Steps to Water: The Ancient Stepwells of India[M].New York: Princeton Architectural Press, 2002.

[14] Dr. Praduman K. Sharma. Indo-Islamc Architecture(Delhi and Agra)[M]. Delhi: Winsome Books India, 2005.

[15] Kulbhushan Jain. Thematic Space in Indian Architecture[M]. New Delhi: India Research Press,2002.

[16] Yatin Pandya. Concepts of Space in Traditional Indian Architecture[M]. Ahmedabad: Mapin Publishing Pvt.Ltd.,2005.

[17] 罗伊·克雷文．印度艺术简史 [M]. 王镛等译．北京：中国人民大学出版社，2004.

图片来源 Sources of Illustrations

□ 周锐摄影的图片

◆ 3-16、3-19、3-25、3-26、3-27、3-28、3-30、3-31、3-32、3-33、3-70 ◆ 4-13、4-22、4-25、4-28、4-30、4-37、4-44、4-50、4-53、4-60、4-65、4-70、4-80、4-94、4-95、4-96、4-109、4-111、4-112、4-114、4-120、4-142、4-159、4-163、4-164、4-168、4-169、4-184、4-187、4-188、4-190、4-196、4-198、4-201、4-203 ◆ 5-1、5-2、5-3、5-4、5-5、5-6、5-7、5-10、5-11、5-13、5-18、5-19、5-23、5-24、5-43、5-47、5-50、5-55、5-57、5-61、5-64、5-72、5-75、5-88、5-91、5-97、5-101、5-107、5-112、5-113、5-116、5-131、5-136、5-143 ◆ 6-10、6-14、6-18、6-19、6-33、6-46、6-54、6-62、6-71、6-72、6-80 ◆ 7-11

□ 孙煊摄影的图片

◆ 3-7、3-12、3-13、3-63、3-64、3-68 ◆ 4-5、4-6、4-7、4-9、4-12、4-19、4-21、4-26、4-35、4-36、4-38、4-43、4-45、4-47、4-61、4-63、4-64、4-66、4-74、4-78、4-93、4-99、4-103、4-110、4-115、4-116、4-125、4-127、4-128、4-130、4-131、4-133、4-138、4-143、4-152、4-153、4-176、4-185、4-189、4-195、4-200 ◆ 5-25、5-27、5-37、5-40、5-59、5-63、5-70、5-135、5-152 ◆ 6-17、6-21、6-29、6-38、6-57、6-77、6-78

□ 王泉摄影的图片

◆ 3-9、3-15、3-57、3-71 ◆ 4-3、4-4、4-14、4-20、4-39、4-40、4-46、4-48、4-51、4-52、4-54、4-62、4-97、4-106、4-135、4-145、4-155、4-156、4-157、4-158、4-160、4-170、4-175、4-177、4-179、4-182、4-183、4-186、4-192、4-193、4-194、4-197、4-199、4-202 ◆ 5-94、5-105、5-108、5-114、5-119、5-120、5-121、5-122、5-123 ◆ 6-26、6-34、6-39、6-41、6-42、6-60、6-66、6-67、6-68、6-69、6-70、6-81 ◆ 7-7、7-8、7-10、7-13、7-27

□ 高为摄影的图片

◆ 2-2、2-4 ◆ 3-1、3-4、3-5、3-6、3-8、3-11、3-17、3-18、3-20、3-21、3-22、3-59、3-61、3-65、3-66、3-69 ◆ 4-27、4-49、4-67、4-79、4-87、4-98、4-100、4-121、4-170 ◆ 5-22、5-41、5-51、5-58、5-60、5-67、5-83、5-87、5-109 ◆ 6-13、6-20、6-22、6-27、6-31、6-36、6-40、6-43、6-44、6-76、6-79 ◆ 7-2、7-5、7-6、7-9、7-15、7-16、7-17、7-20、7-21、7-22、7-26

□ 琚宾摄影的图片

◆ 2-1、2-3 ◆ 3-62、3-67 ◆ 4-8、4-10、4-15、4-18、4-23、4-24、4-29、4-31、4-32、4-33、4-34、4-76、4-77、4-82、4-86、4-88、

4-90、4-91 ◆ 5-35、5-38、5-66、5-68、5-73、5-74、5-90、5-103、5-104、5-106、5-110、5-132、5-134、5-148 ◆ 6-35、6-48、6-49、6-50、6-51、6-52 ◆ 7-1、7-3、7-4

□ 李璐珂摄影的图片

◆ 2-30、2-31、2-32、2-33、2-34、2-35、2-36、2-37、2-38、2-39、2-40、2-41、2-42、2-43、2-44、2-45 ◆ 3-37、3-38、3-39、3-40、3-41、3-42、3-43、3-45、3-46、3-47、3-48、3-49、3-50、3-51、3-52、3-53

□ 曲敬铭摄影的图片

◆ 2-5、2-6、2-12、2-13、2-23、2-24、2-25、2-26、2-28 ◆ 5-28、5-49、5-76、5-78、5-80、5-137、5-139、5-141、5-144 ◆ 6-25、6-59、6-63、6-73 ◆ 7-14、7-18、7-23、7-24

□ 崔光海摄影的图片

◆ 2-8、2-9、2-10、2-11、2-14、2-19、2-20、2-21、2-22、2-27 ◆ 3-10 ◆ 5-138、5-140 ◆ 6-5、6-23、6-24、6-64、6-65 ◆ 7-20、7-25

□ 秦岳明摄影的图片

◆ 4-126、4-129、4-137、4-139、4-144、4-146、4-150、4-172、4-173、4-174 ◆ 5-29、5-30、5-33

□ 徐华宇摄影的图片

◆ 4-119、4-147、4-148、4-149、4-162、4-166、4-167 ◆ 6-7、6-16、6-75

* 白丽霞摄影的图片

◆ 4-55、4-56、4-57、4-59

□ 贾东东摄影的图片

◆ 2-15、2-16 ◆ 3-40、3-44

□ 毛昕摄影的图片

◆ 4-140、4-151 ◆ 7-12

□ 其他图片来源

◆ 1-1、1-2、1-3、1-4、1-5、1-6、1-7、1-8、1-9、1-10、3-73 引自互联网，本书作者技术加工。

◆ 1-11 引自 Ramprakash Mathur. Architecture of India: Ancient to Modern[M]. New Delhi: Murari Lal & Sons, 2006:28.

◆ 4-123 引自 Vibhuti Sachdev and Giles Tillotson. Building Jaipur: The Making of an Indian City[M]. London: Peaktion Books LTD., 2002:42, 本书作者进行技术加工。

◆ 6-1、6-2、6-84、6-85 引自 Michael Brand and Glenn D. Lowry(Eds）. Fatehpur-Sikri(International Symposium on Fatehpur-Sikri,Harvard University,1985)[M]. Bombay: Marg Publications, 1987: 32，63，111，本书作者进行技术加工。

□ 除上述说明外，本书选用的总平面及建筑平面、剖面均由薛纳重新绘制。

□ 未注明来源的图片均为本书作者拍摄。